विद्युत - सुरक्षा एवं उपचार

ELECTRIC - SAFETY AND TREATMENT

रनवीर सिंह

ISBN 979-888569841-2

सभी विद्युत कर्मचारी एवं आम जनता जो निम्नलिखित तरीके से कार्य करते हुए सावधानी के साथ अपनी जिम्मेदारी निभाते हैं –

अपने आप/स्वयं की सुरक्षा के लिए

साथी कर्मचारियों की सुरक्षा के लिए

आम लोगों/जनता की सुरक्षा के लिए

पशु/पक्षी - जीवन की सुरक्षा के लिए

सम्पत्ति/सम्पदा की सुरक्षा के लिए (विभागीय/शासकीय/जनता)

प्रतिष्ठान की सुरक्षा के लिए

अधिकतम संभव सीमा तक उपयुक्त सप्लाई (विद्युत व्यवस्था) को बनाए रखने के लिए

क्योंकि

सुरक्षा का नाम, विवेक से काम ।

क्रम-सूची

क्रम-सूची

प्रस्तावना

सेवाकाल और सेवा निवृत्ति के उपरान्त भी विभागीय कर्मचारियों/अधिकारियों से निरंतर विभिन्न विषयों पर चर्चा, व्याख्यान के साथ - साथ ऑनलाइन प्रशिक्षण से सम्बन्धित जानकारी और अनुभवों का संकलन से विषय "विद्युत - सुरक्षा एवं उपचार" पर यह पुस्तक प्रकाशन कतिपय अनुरोध एवं सलाह पर किया गया है । विषय "विद्युत - सुरक्षा एवं उपचार" में विद्युत शब्दावली, विद्युत - मापदंडों, तथा कुछ वास्तविक कहानियों का समावेश भी किया है । यद्यपि मानचित्रों और रेखा चित्रों का समावेश कम से कम किया गया है, विशेषकर प्राथमिक उपचार से सम्बन्धित । प्राथमिक उपचार से सम्बन्धित विधियों का उल्लेख तो किया गया है, परन्तु ये सब गतिविधियाँ एक कुशल प्रशिक्षण उपरान्त ही कारगर सिद्ध होती है, अन्यथा की स्थिति में तो "नीम हकीम खतरे जान" की कहावत को चरितार्थ करते हैं जो सुरक्षा नियमों के विपरीत है । ऐसा कोई भी कार्य, जिसकी उचित जानकारी न हो, बिना उचित मार्गदर्शन के करना अनुचित ही कहलाएगा ।

विद्युत ऊर्जा के उत्पादन (जेनरेशन), पारेषण (ट्रांसमीशन) और वितरण (डिस्ट्रीब्यूशन) हेतु सुरक्षा मानकों को ध्यान में रखकर अधोसंरचना (इंफ्रास्ट्रकचर) का निर्माण किया गया । आरंभ में उच्च दाब, निम्न दाब लाइने एवं उपकेंद्र कुछ चुनिन्दा शहरों तक सीमित थे । किन्तु धीरे - धीरे विद्युतीकरण का विस्तार होता गया और बहुत तेजी से विकास होता गया । आज लगभग शतप्रतिशत ग्रामों में विद्युत अधोसंरचना पहुँच चुकी है एवं अभी भी विस्तार कार्य जारी है । इतनी बृहत प्रणाली की संरचना एवं उससे अनवरत विद्युत प्रवाह लेने के लिए व्यवधान (ब्रेकडाउन/ ट्रिपिंग) आने पर उसे कम से कम समय में संधारित (मेंटीनेन्स) करके पुन: परिपथ (सर्किट) में लाना अत्यंत जटिल एवं जोखिम भरा कार्य है । यद्यपि हमारे तकनीकी कर्मचारी पूरी लगन और समर्पण भाव से दिन रात व्यवधान की स्थिति में तत्काल संधारण हेतु तत्पर रहते है । किन्तु फिर भी कभी - कभी स्वयं की या अन्य की भूल के कारण दुर्घटना घटित हो जाती है, परिणाम स्वरूप विद्युत प्रवाह में व्यवधान, अधोसंरचना को क्षति तो होती ही है मानव व अन्य प्राणियों के लिए भी गंभीर चोट यहां तक कि मृत्यु का कारण भी बन जाती है ।

दुर्घटनाएं अनिष्ट, विध्वंस, विनाश, चोट, मौत का कारण बन सकती है । दुर्घटनाओं से बचाव के लिए सावधानी, सुरक्षा उपाय तथा सुरक्षा प्रबंधन अवश्य होना चाहिए । दुर्घटना को उसके कारण एवं परिणाम की गंभीरता के आधार में वर्गीकृत किया जा सकता है, जैसे विद्युतीय (इलेक्ट्रिकल) अथवा अविद्युतीय (नॉन इलेक्ट्रिकल), घातक (फेटल) अथवा अघातक (नॉन फेटल), मानव (मेन) अथवा पशु (एनिमल) की तथा यदि प्रभावित मानव है तो विभागीय कर्मचारी है अथवा बाह्य व्यक्ति है । वर्गीकरण से विस्तृत विवेचना में संबन्धित बिन्दुओं पर जाच करने में सरलता होती है । साथ ही दुर्घटना उपरांत की जाने वाली वैधानिक एवं विभागीय कार्यवाही को नियमानुसार पृथक किया जा सकता है ।

दुर्घटना घटित होने पर यह अत्यंत आवश्यक है कि उसके बारे में सम्पूर्ण वांछित जानकारी उचित समय में विभाग एवं अन्य विभागों के सभी संबन्धित अधिकारियों को प्राप्त हो जाए ताकि दुर्घटना पश्चात आवश्यक विभागीय/वैधानिक कार्यवाहियों में विलम्ब न हो । इसके अतिरिक्त निर्माण अथवा संधारण के दौरान किसी भी संभावित दुर्घटना से बचाव के लिए सावधानियां, सुरक्षा नियम, दुर्घटना पश्चात की जाने वाली आवश्यक कार्यवाही जैसे घायल को प्रथमोपचार (फ़र्स्ट ऐड) देना एवं तत्काल चिकित्सालय पहुंचाना आदि भी सम्मिलित किया गया है ।

दुर्घटना अनुपयुक्त उपकरण उपयोग, अनुचित उपकरण उपयोग, प्रोटेक्टिव डिवाइस, निर्देशन/सुपरवीजन की कमी, कर्मचारी की मानसिक स्थित, गलत निर्णय के कारण होती हैं । दुर्घटनाओं के प्रत्यक्ष (डायरेक्ट) और इनडायरेक्ट (परोक्ष) कारण भी होते हैं ।

प्राथमिक चिकित्सा का अर्थ है दुर्घटना के पश्चात डाक्टर आने तक रोगी की तकलीफ को कम करने के लिए किसी व्यक्ति के द्वारा क्या किया जाता है । यह एक मरणासन्न व्यक्ति को जीवन प्रदान कर सकती है ।

पुस्तक प्रकाशन का उद्देश्य इस आशा से किया गया है कि कोई भी विद्युत - सुरक्षा के नियमों का पालन करते हुए अपने और अन्य को दुर्घटना ग्रसित होने से यथोचित कदम उठाते हुए सुरक्षित रख लेता है तो यह उस व्यक्ति विशेष के लिए एक बहुत बड़ी उपलब्धि रहेगी । जीवन अमूल्य है ।

1

विद्‌युत - सुरक्षा और प्राथमिक सहायता/ उपचार

विद्‌युत का सामान्य ज्ञान –

विद्‌युत ऊर्जा के उत्पादन (जेनरेशन), पारेषण (ट्रांसमीशन) और वितरण (डिस्ट्रीब्यूशन) हेतु सुरक्षा मानकों को ध्यान में रखकर अधोसंरचना (इंफ्रास्ट्रकचर) का निर्माण किया गया। आरंभ में उच्च दाब, निम्न दाब लाइने एवं उपकेंद्र कुछ चुनिन्दा शहरों तक सीमित थे। किन्तु धीरे - धीरे विद्‌युतीकरण का विस्तार होता गया और बहुत तेजी से विकास होता गया। आज लगभग शतप्रतिशत ग्रामों में विद्‌युत अधोसंरचना पहुँच चुकी है एवं अभी भी विस्तार कार्य जारी है। इतनी बृहत प्रणाली की संरचना एवं उससे अनवरत विद्‌युत प्रवाह लेने के लिए व्यवधान (ब्रेकडाउन/ ट्रिपिंग) आने पर उसे कम से कम समय में संधारित (मेंटीनेन्स) करके पुनः परिपथ (सर्किट) में लाना अत्यंत जटिल एवं जोखिम भरा कार्य है। यद्‌यपि हमारे तकनीकी कर्मचारी पूरी लगन और समर्पण भाव से दिन रात व्यवधान की स्थिति में तत्काल संधारण हेतु तत्पर रहते है। किन्तु फिर भी कभी - कभी स्वयं की या अन्य की भूल के कारण दुर्घटना घटित हो जाती है, परिणाम स्वरूप विद्‌युत प्रवाह में व्यवधान, अधोसंरचना को क्षति तो होती ही है मानव व अन्य प्राणियों के लिए भी गंभीर चोट यहां तक कि मृत्यु का कारण भी बन जाती है।

दुर्घटनाए अनिष्ट, विध्वंस, विनाश, चोट, मौत का कारण बन सकती है। दुर्घटनाओं से बचाव के लिए सावधानी, सुरक्षा उपाय तथा सुरक्षा प्रबंधन अवश्य होना चाहिए। दुर्घटना को उसके कारण एवं परिणाम की गंभीरता के आधार में वर्गीकृत किया जा सकता है, जैसे विद्‌युतीय (इलेक्ट्रिकल) अथवा अविद्‌युतीय (नॉन इलेक्ट्रिकल), घातक (फेटल) अथवा अघातक (नॉन फेटल), मानव (मेन) अथवा पशु (एनिमल) की तथा यदि प्रभावित मानव है तो विभागीय कर्मचारी है अथवा बाह्य व्यक्ति है। इस वर्गीकारण को आगे अध्याय पर दिये गये चार्ट (तालिका) से भली भांति समझा जा सकता है। वर्गीकरण से विस्तृत विवेचना में संबन्धित बिन्दुओं पर जांच करने में सरलता होती है। साथ ही दुर्घटना उपरांत की जाने वाली वैधानिक एवं विभागीय कार्यवाही को नियमानुसार पृथक किया जा सकता है।

दुर्घटना घटित होने पर यह अत्यंत आवश्यक है कि उसके बारे में सम्पूर्ण वांछित जानकारी उचित समय में विभाग एवं अन्य विभागों के सभी संबन्धित अधिकारियों को प्राप्त हो जाए ताकि दुर्घटना पश्चात आवश्यक विभागीय/वैधानिक कार्यवाहियों में विलम्ब न हो, किन्तु यह देखा जा रहा है कि किसी भी मैदानी स्तर से दुर्घटना संबंधी सम्पूर्ण आवश्यक जानकारी प्राप्त नहीं होती है तथा इसके लिए बार - बार पत्राचार करना पड़ता है, परिणाम स्वरूप अन्य आवश्यक कार्यवाहियों में विलंब होता है। प्रभावित व्यक्ति/परिवारजनों को कष्ट होता है बल्कि अन्य विभागों में भी विभाग की छवि धूमिल होती है, अतएव इसके अतिरिक्त निर्माण अथवा संधारण के दौरान किसी भी संभावित दुर्घटना से बचाव के लिए सावधानियां, सुरक्षा नियम, दुर्घटना पश्चात की जाने वाली आवश्यक कार्यवाही जैसे घायल को प्रथमोपचार (फ़र्स्ट ऐड) देना एवं तत्काल चिकित्सालय पहुंचाना आदि भी सम्मिलित किया गया है।

रक्षा – वह है जो हम आप की करते है यानि – स्वयं/खुद की, जैसे सड़क पर चलते समय, लड़ाई आदि में,

सुरक्षा - वह है जो हम दूसरों के लिए करते हैं, जैसे सीमा पर जो सैनिक रहते हैं वह सुरक्षा करते हैं हमारी और हमारे देश की दूसरे देशों से, समुचित रक्षा ही सुरक्षा है। जिसे सेफ़्टी (Safety) और सिक्योरिटी (Security) कहा है, सेफ़्टी - दुर्घटना से बचाव और सिक्योरिटी – व्यक्तियों द्‌वारा दुराभाव से बचाव जैसे आतंक लूटपाट, चोरी - डकैती आदि। सेफ़्टी प्रथम

सेफ़्टी – से तात्पर्य नुकसान या किसी अवांछनीय परिणाम से वचाव है। सिक्योरिटी - हानि/नुकसान से बचाव करने की क्रिया और व्यवस्था को कहते हैं। यह व्यक्ति, स्थान, वस्तु, निर्माण, निवास, देश, संगठन या ऐसी किसी भी अन्य चीज के संदर्भ में प्रयोग हो सकती है जिसे नुकसान पहुंचाया जा सकता हो।

विद्‌युत से सुरक्षा क्यों आवश्यक है ?

1. लगभग 12 से 15 व्यक्ति प्रत्येक दिन (रोजाना) इलेक्ट्रोक्यूशन से मरते हैं।
2. लगभग 42 से 45 प्रतिशत आगजनी की घटनाएं बिजली के कारण होती हैं।
3. लगभग 3 से 5 प्रतिशत मृत्यु फैक्टरियों में विद्युत के कारण होती हैं।

वितरण कम्पनियों (डिस्कोम) तथा विद्युत विभागों की सुरक्षा पहुँच/सोच - यह है कि जनता, कर्मचारी, लाइन व उपकरण के साथ - साथ किसी भी प्रकार की जन - धन हानि विद्युत के कारण न हो। क्योंकि जीवन अमूल्य है इसकी पूर्ति नहीं हो पाती है केवल सुरक्षा ही एक रास्ता है।

विद्युत की उपस्थिति/मौजूदगी की जानकारी उसकी उपयोगिता और परीक्षण से ही पता चलती हैं जैसे बल्ब का जलना, पंखे का चलना, मोटर का चलना आदि, यदि ये सब व्यवस्था नहीं हैं तब परीक्षण ही एक रास्ता बचता है। जैसे रोटी मे नमक, दूध में मीठा, पानी में नमक या मीठा आदि का उपयोग/परीक्षण से ही पता चलता है, देखने से नही ठीक उसी प्रकार विद्युत/बिजली की उपलब्धता/उपस्थिति की जानकारी उपयोगिता/परीक्षण से ही पता चलता है केवल देखने से हमेशा नहीं। अतएव परीक्षण/जांच करना बहुत आवश्यक है। आखों से देखने पर भी कभी - कभी जो स्थिति आभास होती है वह सत्य/वास्तविक नहीं होती है। अति पास और अति दूर की स्थिति जैसे जमीन और आकाश का क्षितिज पर मिलना आभास होता है वास्तविक नहीं, आँख में लगा काजल आँख नहीं देख पाती जब तक दर्पण में न देखें। हर पीले रंग की वस्तु सोना नहीं होती, बंद घड़ी का 24 घंटे में दो बार सही/ठीक समय बताना/दर्शाना, दूर से विभिन्न एचटी (11 केवी व 33 केवी) लाइन के पिन इंसुलेटर भी एक जैसे दिखते हैं जो वास्तव में एक जैसे नहीं होते हैं। अतः देखना भी यह आवश्यक है कि किस वस्तु/उपकरण को किस प्रकार से देख रहे हैं। जैसे किसी ट्रांसफार्मर के एचटी साइड से देखने पर 3 बुशिंग दिखाई देती हैं और उसी ट्रांसफार्मर के एलटी साइड से देखने पर 4 बुशिंग दिखाई देती हैं जबकि ट्रांसफार्मर एक ही है। इसी तरह सुन कर उनके अर्थ विभिन्न होने से भी गलती की संभावना बनती हैं। जैसे – रोको, मत जाने दो, और रोको मत, जाने दो, मैं भीतर गया और मैं भी तर गया, सोओ, मत जागो और सोओ मत, जागो, काग दही पर मरियो, कागद ही पर मरियो, और का गदही पर मरियो, GODISNOWHERE को GOD IS NOW HERE और GOD IS NO WHERE आदि। गणित में भी इस प्रकार भूल होती है - जैसे – (चार) जोड़ (चार) भागित (चार) बराबर पाँच होते हैं (4+4/4=5), जबकि कुछ (चार) जोड़ (चार) भागित (चार) बराबर दो (4+4/4=2) होते हैं (दोनों ही सही लगते हैं, परंतु गणित के नियम 5 उत्तर सही है, क्योंकि पहले भाग और बाद में जोड़ करते हैं)। एक कागज के चार कोने में से एक कोना काटने पर शेष तीन कोने नहीं रहते, शेष पांच कोने रहते हैं। इसी प्रकार 33 केवी या 11 केवी लाइन का एक जमफर जलने पर जमफर जले फीडर में आगे बिजली नहीं जाती है, परन्तु वापस बिजली आ जाती है, ट्रांसफार्मर के डेल्टा कनेकशन के कारण रिटर्न करेंट आता है। इस प्रकार जमफर जले स्थान पर दोनों तरफ से बिजली आती है। अतः सावधानी बरतनी जरूरी है। इसी प्रकार ट्रांसफार्मर के एचटी और एलटी वाईडिंग में कोई कनेकशन नहीं होता, तब भी एक ही कोर पर दोनों एलटी और एचटी वाईडिंग होने से इलेक्ट्रो - मेंगनेटिक फोर्स व इंडकशन के प्रभाव से एचटी साइड से एलटी साइड में करेंट पैदा होता है। इससे स्पष्ट होता है कि करेंट तार में बहता हैं, परन्तु दूसरे तार में भी करेंट इलेक्ट्रो - मेंगनेटिक फोर्स के प्रभाव से पैदा होकर दूसरे तार में करेंट बहने लगता है जबकि पहले (एचटी) और दूसरे (एलटी) तार में कोई कनेक्शन नहीं होता। अतः देखने सुनने और समझने में सावधानी आवश्यक है।

जनता की सुरक्षाः -

रोड क्रासिंग, पेड़ की डाली का छूना, जमीन से लाइन व उपकरण की दूरी (ऊंचाई), भवन से दूरी (समानान्तर व लम्बवत), उपभोक्ता परिसर (उपकरण स्थापना) अनाधिकृत कनेक्शन, डिस्कोम/विभाग परिसर में उपकरणों के पास तक आम जनता की आसान पहुँच भी घटना के कारण हैं।

कर्मचारी सुरक्षा :-

निर्माण के समय, संचालन के समय, ब्रेक डाउन के समय, रूटीन मेंटीनेंस (संधारण) के समय, सामग्री परिवहन के समय, आंधी - तूफान, वर्षा - बाढ़, आगजनी, सामाजिक उपद्रव आदि के समय सुरक्षा की आवश्यकता होती है।

सुरक्षा – लाइन व उपकरण : -

रिले प्रोटेक्शन डिवाइस, सेटिंग ऑफ रिले, हॉट स्पॉट डिटेक्शन, लाइन डायग्राम/स्मार्ट अपडेशन, अनुपयुक्त टेस्टिंग, लोगिंग ऑपरेशन पैरामीटर्स, सिस्टम चेकिंग, अर्थिङ्ग आदि के समय सुरक्षा आवश्यक हैं।

दुर्घटनाएं क्यों होती हैं ? –

दुर्घटना अनुपयुक्त उपकरण उपयोग, अनुचित उपकरण उपयोग, प्रोटेक्टिव डिवाइस, निर्देशन/सुपरवीजन की कमी, कर्मचारी की मानसिक स्थित, गलत निर्णय के कारण होती हैं। दुर्घटनाओं के प्रत्यक्ष (डायरेक्ट) और इनडायरेक्ट (परोक्ष) कारण भी होते हैं।

डायरेक्ट कारण (प्रत्यक्ष कारण) – असुरक्षित गतिविधि/कार्यवाही, समुचित अर्थिङ्ग न करना, खराव उपकरण का होना, समुचित टूल का न होना आदि हैं।

इन डायरेक्ट कारण (परोक्ष कारण) – उचित जानकारी (ज्ञान) व दक्षता (स्किल) की कमी, उचित मानसिक व शारीरिक स्थिता का ठीक न होना मुख्य हैं ।

दुर्घटना से हानि/नुकसान: - -

डायरेक्ट कॉस्ट - मेडीकल उपचार व्यय, क्षतिपूर्ति उसकी जो कार्य उस समय किया जाना था, अस्थाई/स्थाई विकलांगता या घातक (मृत्यु) घटना की क्षतिपूर्ति । जीवन अमूल्य है अत: सावधानी आवश्यक है ।

इन डायरेक्ट कॉस्ट – उत्पादन हानि (प्रोडक्शन लॉस), परिवहन लागत, सहयोगी कर्मचारी का समय, मशीन या उपकरण का बंद रहना, उपकरण या मशीन की क्षति होना, कार्यकर्ता समूह की मानसिकता (मॉरल) में फर्क, घटना से संबन्धित जांच प्रतिवेदन/परीक्षण तैयार कर प्रस्तुत करने में समय का लगना, घायल के कार्य करने की क्षमता/दक्षता में कमी, प्रशासनिक व्यय, डिस्कोम/कंपनी की साख (रेपुटेशन), प्रशिक्षण (ट्रेनिंग) व्यय, कर्मचारी उपलब्धता (सब्स्टीट्यूड), कारोबार में व्यवधान, तथा क्षतिपूर्तियों का भुगतान आदि हैं ।

विद्युत - सुरक्षा जागरूकता – आवश्यक है क्योंकि –

बिजली का उपयोग जन सामान्य तक है, कोई भी व्यक्ति बिना बिजली के उपयोग के नहीं रहता है, दैनिक कार्यों में इसका साधरण व सामान्य उपयोग होता है, बिजली एक अच्छा नौकर है लेकिन बुरा मास्टर है । बिजली से विकलांगता, मृत्यु तथा आगजनी कुछ भी हो सकता है अत: सुरक्षा सावधानियां बरतनी आवश्यक हैं ।

सुरक्षा सावधानियां बरतने के लिए – सुरक्षा नियम, सुरक्षित कार्य, सुरक्षित सुरक्षा (सेफ -प्रोटेक्शन), सुरक्षित सामग्री (सेफ आइटम) आदि सभी को सुरक्षा जागरुकता, आपसी सहयोग (कर्मचारी व उपभोक्ता) से दुर्घटनाएं टाली जा सकती हैं । अनुभव से सीख/खोज (जनता/कर्मचारी द्वारा विद्युत सुरक्षा उपकरणों का समुचित उपयोग) भी लाभदायक होता है ।

2
विद्युत पैरामीटर्स - शब्दावली-

1. - करेंट (इलेक्ट्रिक करेंट/विद्युत धारा) -

सभी पदार्थ एक या एक से अधिक तत्वों (एलिमेंट्स) से बने होते हैं जो एक प्रकार परमाणु (एटम) से बने होते है। अक्सर पदार्थों को प्रोटोन्स और इलेक्ट्रोन्स की संख्या से पहचाना जाता है जो किसी परमाणु के तत्व में होते हैं। जिस किसी परमाणु में इलेक्ट्रॉन और प्रोटोन की संख्या बराबर होती है वह विद्युत की दृष्टि से न्यूट्रल होता है। किसी परमाणु की बाहरी पट्टी (कक्षा/ओरबिट) में स्थित इलेक्ट्रोनों को बाहरी ताकत का इस्तेमाल करके आसानी से हटाया जा सकता है।

किसी पदार्थ में फ्री इलेक्ट्रोन्स का प्रवाह एक एटम से अगले एटम तक उसी दिशा तक होता है और इसको करेंट कहते हैं। इसके लिए अंग्रेजी अक्षर आई (I) प्रतीक होता है। इसे एम्पीयर में नापते हैं। एक एम्पीयर करेंट का मतलब है कि एक कुलम्ब चार्ज किसी कंडक्टर के एक पॉइंट से प्रत्येक सेकेंड में पास (गुजरता) होता है। एक एम्पीयर को कुलम्ब प्रति सेकेंड भी कहते हैं। एक एम्पीयर करेंट का मतलब होता है कि किसी कंडक्टर के क्रॉस सेक्शन से 6.24x10 की पावर 18 इलेक्ट्रॉन मूव करते हैं।

करेंट एम्पीयर में नापने वाले उपकरण को एम्पीयर मीटर कहते हैं, यद्यपि टोंगटेस्टर से भी करेंट नापा जाता है। एम्पीयर मीटर से करेंट नापने के लिए एम्पीयर मीटर को परिपथ (सर्किट) के श्रेणी क्रम (सीरीज) में लगाते हैं। टोंगटेस्टर से करेंट नापते समय टोंगटेस्टर के क्लैम्प (जो) को खोलकर उस कंडक्टर/केबिल को क्लैम्प के अंदर कर लेते हैं और कलैंप बंद रखते हैं यह सीटी के सिद्धांत पर कार्य कर करेंट नापता है। उच्च वोल्टेज की लाइनों का करेंट सीटी (करेंट ट्रांसफार्मर) की मदद से नापते हैं इन्हें श्रेणी (सीरीज) क्रम में लगाते हैं।

2 - वोल्टेज –

जितनी ताकत बिजली के प्रवाह को किसी कंडक्टर से होकर मूव करने में जरूरी होती है उसको पोटेन्शियल डिफरेंस वोल्टेज या इलेक्ट्रोमोटिव फोर्स (ईएमएफ) कहा जाता है। वोल्टेज की माप की यूनिट है वोल्ट जिसे अक्सर अंग्रेजी अक्षर वी (V) से लिखते हैं। वोल्टेज को कई प्रकार से पैदा कर सकते हैं। किसी बैटरी में इलेक्ट्रो - कैमिकल प्रोसेस इस्तेमाल किया जाता है लेकिन किसी तार के अलटेनेटर अथवा बिजलीघर के जेनरेटर में मैग्नेटिक इंडकशन प्रोसेस का प्रयोग किया जाता है। सभी वोल्टेज स्रोत में इलेक्ट्रॉन एक सिरे से और दूसरे सिरे अधिक और दूसरे सिरे पर कम होते हैं। दो टर्मिनलों के बीच परिणामस्वरूप डिफरेंस ऑफ पोटेंशियल आता है। वोल्टेज सोर्स के डायरेक्ट करेंट (डीसी - DC) में टर्मिनलों की पोलरिटी चेंज नहीं होती। परिणाम ये होता है कि करेंट एक ही दिशा में निरंतर बहता रहता है।

वोल्ट नापने वाले उपकरण को वोल्टमीटर कहतें है। वोल्टेज हमेशा दो लाइनों (फेज टू न्यूट्रल, या फेज टू फेज) के बीच नापा जाता हैं, इसलिए वोल्टमीटर को समानान्तर (पैरेलल) क्रम में लगाते हैं। उच्च दाब लाइनों के वोल्टेज नापने के लिए पीटी (पोटेन्शियल ट्रांसफार्मर) के द्वारा नापते हैं, पीटी के अनुपात (रेशों) 11 केवी/110 वोल्ट, 33 केवी/110 वोल्ट रहते हैं और इन्हें समानान्तर (पेरेलल) क्रम में ही लगाते हैं

1. - प्रतिरोध (रसिसटेन्स) –

यह सभी पदार्थों में होता है और विद्युत प्रवाह (इलेक्ट्रिसिटी फलो) का विरोधी होता है। कुछ पदार्थों में अन्य के मुक़ाबले ज्यादा रसिसटेन्स होता है। चांदी, तांबा, एल्यूमिनियम और लोहे जैसी कुछ धातुओं में कम रसिसटेन्स होता है और इनको बिजली का अच्छा सुचालक (अच्छा कंडक्टर) कहा जाता है। प्लास्टिक, कांच, अभरक, रबड़ और लकड़ी में रसिसटेन्स ज्यादा होता हैं और इन्हे विद्युत का कुचालक (बेड कंडक्टर) माना जाता है। इसलिए इनको इंसुलेटर (बचाव करने वाले) के तौर पर इस्तेमाल किया जाता है। किसी पदार्थ में

कितना रसिसटेन्स होगा यह उसके गठन, लंबाई, क्रॉस सेक्शन और रेसिस्टिव मैटेरियल के तापमान (टेम्परेचर) पर निर्भर करेगा। एक नियम के रूप में किसी कंडक्टर का रसिसटेन्स तब बढ़ जाता है जब उसकी लंबाई बढ़ती है अथवा क्रॉस सेक्शन घट जाता है। रेसिस्टेंस के लिए प्रतीक के रूप में आर (R) लिखा जाता है। रेसिस्टेंस के नापने की यूनिट (इकाई) को ओहम कहते हैं और इसे नापने वाले उपकरण को ओहममीटर कहा जाता है।

4 - विद्युत परिपथ (इलेक्ट्रिक सर्किट)-

एक साधारण विद्युत परिपथ (सिम्पल इलेक्ट्रिक सर्किट) में वोल्टेज सोर्स, कुछ तरह का लोड और कंडक्टर होते हैं, जिनसे होकर इलेक्ट्रॉन वोल्टेज सोर्स और लोड की तरह फलो करते हैं।

5 – ओहम का नियम –

ओहम का नियम ये दर्शाता है कि करेंट वोल्टेज के बढ़ने से बढ़ता है और घटने से घटता है। और रेसिस्टेंस का उल्टा होता है। करेंट (आई - I) को एम्पीयर्स में मापा जाता है। वोल्टेज को वी या ई वोल्ट में और रेसिस्टेंस (आर - R) को ओहम में मापा जाता है।

ओम के नियम के अनुसार इसे प्रकट करने लिए तीन तरीके हैं –

1 - वोल्ट (वी) = करेंट (आई) रसिस्टेंस (आर), V = I x R

2. – करेंट (आई) = वोल्ट (वी)/रेसिस्टेंस (आर), I = V/R
3. – रेसिस्टेंस (आर) = वोल्ट (वी)/करेंट (आई), R = V/I

6 - पावर (शक्ति) -

जब भी किसी फोर्स के कारण मोशन (गति) पैदा होता है काम पूरा होता है। अगर बिना मोशन के फोर्स लगाया जाता है तो कोई काम नहीं होता है। किसी इलेक्ट्रिक सर्किट में जब भी किसी कंडक्टर पर वोल्टेज एप्लाई किया जाता है तो उसके कारण इलेक्ट्रोन्स प्रवाहित होने लगते हैं। वोल्टेज फोर्स है और इलेक्ट्रॉन का प्रवाह मोशन है। पावर वो रेट है जिससे काम हो जाता है और इसके लिए प्रतीक पी (P) लिखा जाता है। पावर की माप वाट है और इसके लिए प्रतीक के रूप में डब्ल्यू (W) लिखा जाता है। किसी डायरेक्ट करेंट (डीसी) सर्किट में एक वाट वह दर है जिससे काम तब हो जाता है जब एक वॉल्ट के कारण एक एम्पीयर करेंट का प्रवाह होता है।

पावर का सूत्र (फार्मूला) है – पावर (पी) = वोल्टेज (वी) x केरेंट (आई), P = V x I

जबकि आल्टरनेटिंग करेंट (एसी - AC) और वोल्टेज निरंतर भिन्न होते हैं। इनको साइन वेव से प्रस्तुत करते हैं इसकी दो डायरेकशन पोजिटिव और नेगेटिव होती हैं। एक साइन वेव 360 डिग्री में चक्राकार प्रवाहित होती है, इसे एक साइकिल/चक्र कहा जाता है। आल्टरनेट करेंट इन्हीं अनेक साइकिलों से हर सेकेंड गुजरता है।

तब पावर का सूत्र (फोरमुला) निम्नानुसार होता है –

पावर (पी) = वोल्टेज (वी) x केरेंट (आई) x कोस फ़ाई, P = V x I x Cos faee यहाँ यह स्पष्ट करना आवश्यक है कि कोस फ़ाई का मान एक या एक से कम होता है। डीसी सर्किट में कोस फ़ाई का मान एक होता है क्योंकि वोल्टेज और करेंट एक ही दिशा में होते हैं अर्थात 0 डिग्री।

रियल पावर की बेसिक यूनिट होती है वाट (डब्ल्यू - W), इंटरनेशनल सिस्टम ऑफ यूनिटस (एसआई) में इसका इस्तेमाल होता है। परिभाषा के रूप में एक वाट बराबर होता है प्रति सेकेंड एक जूल ऑफ एनर्जी। बिजली की शब्दावली में इसे उस पावर के रूप में दिखाया जाता है जो एक वाट की दर से तब खपत की जाती है जब एक वॉल्ट के पोटेंशियल डिफरेंस से एक एम्पीयर प्रवाहित होता है। यानि एक वाट = एक वॉल्ट x एक एमपीयर (W = V x I)

पावर को मापने की कई विभिन्न यूनिट (इकाई) हैं। इलेक्ट्रिक मोटर की पावर अश्व - शक्ति (हॉर्स पावर = एच पी - HP) और किलोवाट (केडब्ल्यू - KW) में मापते हैं। जबकि ट्रांसफार्मर को केवीए और एमवीए में मापते हैं। एक अश्व शक्ति (हॉर्स पावर = एचपी) 746 वाट (डब्ल्यू) या 0.746 किलोवाट (केडब्ल्यू) के बराबर होता है।

7 - ऊर्जा: - (यूनिट = किलोवाटआवर = केडब्ल्यूएच = KKWH) -

ऊर्जा की एस आई यूनिट होती है जूल (जे)। जूल का इस्तेमाल मुख्य रूप से विज्ञान में होता है। ये ऊर्जा की वह मात्रा है जो एक न्यूटन (एक एन) ऊर्जा के स्रोत की तरफ किसी वस्तु को एक मीटर खिसकाने में लगती है। जूल अपेक्षाकृत एक छोटी यूनिट होती है लेकिन बिजली की खपत के मामले में आमतौर पर इस्तेमाल की जाने वाली यूनिट जो खासतौर से यूटिलिटी के बिलों में दिखाई जाती है वो है किलोवाटआवर (केडब्ल्यूएच - KWH)। जो उस बिजली का माप है जो विनिर्दिष्ट समय के अंतर्गत, जैसे एक महीने तक बिजली के प्रवाह को दर्शाती है। एक किलोवाट आवर ऊर्जा की वह मात्रा है जो एक घंटे तक एक किलोवाट की दर से प्रवाहित होती है। उदाहरण के लिए एक 100 वाट का बल्व दस घंटे में एक किलोवाट एनर्जी खपत करता है। एक किलोवाट का मतलब 3,600,000 जे (जूल) एनर्जी।

8 - इंडक्टेंस : -

इस पॉइंट पर जिन सर्किटों का अध्ययन किया गया वे रेसिस्टिव हैं । रेसिस्टेंस और वोल्टेज सिर्फ सर्किट की प्रॉपर्टीज़ ही नहीं बल्कि इफेक्टिव करेंट फ्लो भी हैं लेकिन इंडक्टेंस किसी इलेक्ट्रिक सर्किट की प्रॉपर्टी होती है जो इलेक्ट्रिक करेंट में किसी चेंज/बदलाव का विरोध करती है । रेसिस्टेंस करेंट फ्लो का विरोध करता है जबकि इंडक्टेंस करेंट फ्लो में चेंज का विरोधी होता है । इंडक्टेंस को अंग्रेजी के एल (L) अक्षर के रूप में दर्शाया जाता है । इंडक्टेंस का यूनिट हेनरी (H) होता है लेकिन हेनरी सापेक्ष रूप में एक बड़ी यूनिट है जबकि इंडक्टेंस मिलीहेनरी अथवा माइक्रोहेनरी के रूप में दर्शाया जाता है ।

किसी कंडक्टर में करेंट मैगनेटिक फील्ड पैदा करता है । करेंट की मात्रा मैगनेटिक फील्ड की स्ट्रेंथ तय करती है । जैसे - जैसे करेंट फलो बढ़ता है फील्ड स्ट्रेंथ भी बढ़ती है । इसी तरह से जैसे - जैसे करेंट फलो घटता है, फील्ड स्ट्रेंथ भी घटती है । किसी करेंट में अगर कोई चेंज आता है तो कंडक्टर के आस - पास के मैगनेटिक फील्ड में भी करेंट में उतना ही परिवर्तन आ जाता है । किसी रेगुलेटिड डी सी सोर्स के लिए करेंट कोंस्टेंट (स्थिर) होता है। लेकिन अपवाद स्वरूप जब सर्किट ऑन या ऑफ कर दिया जाता है तो अथवा जब लोड में चेंज आ जाता है तो ऐसा नहीं होता । लेकिन अल्टरनेट करेंट (एसी - AC) निरंतर बदलता रहता है और इंडक्टेंस लगातार चेंज का विरोधी होता है । किसी कंडक्टर के आस - पास के मैगनेटिक फील्ड में होने वाला परिवर्तन कंडक्टर के वोल्टेज में भी परिवर्तन लाता है । सेल्फ इनड्युस्ड वोल्टेज करेंट में चेंज को अपोज (विरोध) करता है । इसको काउंटर ईएमएफ कहते हैं । सभी कंडक्टरों में और बिजली के यंत्रों में पर्याप्त मात्रा में इंडक्टेंस होता है लेकिन इंडक्टर्स क्वाइल या तारों के रूप में स्पेसिफिक इंडकशन के लिए बंधे होते हैं । कुछ एप्लिकेशन के लिए इंडक्टर्स किसी मेटल कोर के चारों ओर बांधे जाते हैं जिससे इंडक्टेंस और कोन्सेंट्रेट हो जाता है । किसी क्वाइल का इंडक्टेंस क्वाइल में मौजूद घेरों (नंबर ऑफ टर्न्स) के जरिये तय होता है । क्वाइल डाइमीटर तथा लंबाई और कोर मेटेरियल भी इसके अवयव होते हैं । इंडक्टर संकेत रूप में किसी इलेक्ट्रिकल ड्राइंग में घुमावदार लाइन के रूप में दिखाया जाता है ।

9 - कैपेसिटेन्स और कैपेसिटर्स –

कैपेसिटेन्स वह माप होती है जो किसी सर्किट में इलेक्ट्रिकल चार्ज स्टोर करने की क्षमता दिखाती है । कोई ऐसा उपकरण जिसे विनिर्दिष्ट मात्रा में कैपेसिटेन्स स्टोर करने के लिए बनाया जाता है, उसे कैपेसिटर कहते हैं । कैपेसिटर को हिन्दी में संधारित्र कहते हैं । कोई कैपेसिटर कंडक्टिव प्लेट की एक जोड़ी से बना होता है और इसके बीच में इंसुलेटिड मेटेरियल की एक बारीक पर्त डाली जाती है । इसी इंसुलेटिड मेटेरियल का दूसरा नाम डायलेक्ट्रिक मेटेरियल है । कैपेसिटर को आमतौर पर और इलेक्ट्रिकल ड्राइंग में सीधी लाइन और घुमावदार लाइन के कंबीनेशन से अथवा दो सीधी लाइनों के रूप में दिखाया जाता है ।

जब किसी कैपेसिटर की प्लेट पर वोल्टेज एप्लाई किया जाता है, एक प्लेट पर इलेक्ट्रोन्स डाले जाते हैं और दूसरी प्लेट से निकाले जाते हैं । इससे कैपेसिटर चार्ज हो जाता है । डायरेक्ट करेंट किसी डायलेक्ट्रिक मेटेरियल के आर - पार प्रवाहित नही हो सकता है क्योंकि उसमें इंसुलेटर होता है लेकिन जब भी कैपेसिटर चार्ज हो जाता है डायलेक्ट्रिक के जरिये इलेक्ट्रिक फील्ड पैदा हो जाता है । कैपेसिटर की रेटिंग उस चार्ज की मात्रा से का जाती है जितना चार्ज वो होल्ड कर सकते हैं ।

किसी कैपेसिटर की कैपेसिटेन्स प्लेट के एरिया और दोनों प्लेटों के बीच दूरी तथा डायलेक्ट्रिक मेटेरियल के रूप में इस्तेमाल किए गए पदार्थ के प्रकार पर निर्भर करता है । कैपेसेटेन्स का प्रतीक चिह्न अंग्रेजी का अक्षर सी (C) है, और इसे फेराड़ एफ (F) के रूप में मापा जाता है । लेकिन फेराड़ एक बड़ी यूनिट होती है और अक्सर कैपेसिटर्स की रेटिंग माइक्रोफेराड अथवा पीकोफेराड के रूप में की जाती है ।

10 - लाइन – लाइनों को विभिन्न प्रकार से वर्गीकृत किया जाता है, जिनमें मुख्य हैं – कंडक्टर लाइन व केबिल लाइन, जमीन के ऊपर लाइन (ओवर हेड लाइन), भूमिगत (अंडरग्राउंड) लाइन, निम्न दाब (एलटी - लो टेंशन) लाइन, उच्च दाब (एचटी - हाई टेंशन) लाइन तथा अति उच्चदाब (ईएचटी - एक्स्ट्रा हाई टेंशन) लाइन, निम्न दाब लाइन को पुन: सिंगल फेज व थ्री फेज लाइनों में वर्गीकृत किया जाता है । सिंगल फेज लाइन को - सिंगल फेज टू वायर(फेज व न्यूट्रल) लाइन, सिंगल फेज थ्री वायर (फेज, न्यूट्रल और स्ट्रीट लाइट फेज) लाइन में वर्गीकृत किया गया है, उसी प्रकार से थ्री फेज लाइन को - थ्री फेज फोर वायर (तीन फेज व न्यूट्रल) लाइन, थ्री फेज फाइव वायर (तीन फेज, एक न्यूट्रल और एक स्ट्रीट लाइट फेज) लाइन में वर्गीकृत किया गया है । सिंगल सर्किट लाइन, डबल सर्किट लाइन और संयुक्त (कम्पोजीट) लाइन आदि । केबिल को भी सिंगल कोर केबिल, टू कोर केबिल, थ्री कोर केबिल, थ्री एंड हाफ कोर केबिल, फोर कोर केबिल, आर्मर्ड केबिल, अनार्मर्ड केबिल, गैस फिल्ड, आयल फिल्ड, एक्सएलपीई, एबी (एयर बन्च) केबिल, एलटी केबिल और एचटी केबिल आदि । आयल फिल्ड, गैस फिल्ड केबिल ईएचवी (अति उच्च दाब) नेटवर्क के लिए होती हैं । कंट्रोल केबिल उप - केन्द्रों पर मीटरिंग, सिगनल, नियंत्रण (कंट्रोल) सर्किटों में प्रयोग होती है।

लाइन को पहचानने के लिए हमेशा उपरोक्त वर्गीकरण के अलावा यह भी बोला जाता है कि लाइन का वोल्टेज क्या है ,या लाइन किस वोल्ट की है, जैसे 220 - 230 वोल्ट (फेज टू न्यूट्रल) 400 - 440 वोल्ट (फेज टू फेज) लाइन एलटी लाइन कहलाती हैं । एचटी लाइन - 11 केवी, 33 केवी और 66 केवी लाइन कहलाती हैं । तथा ईएचटी लाइन – 132 केवी, 220 केवी, 400 केवी, 765 केवी और इससे अधिक वोल्ट की लाइन कहलाती हैं । वोल्ट और केवी (किलोवोल्ट) में 1000 (एक हजार) वोल्ट को ही एक केवी कहते हैं । लाइन में वोल्ट के साथ करेंट

बहता (चलता) है उसे एम्पीयर में नापते हैं । जब भी लाइन की चर्चा होगी तब लाइन का वोल्टेज और उसमे कितना लोड (भार - करंट) चल रहा (प्रवाहित) है, बोला जाता है ।

11. - पोल (खम्भा) –

लाइन जिस सपोर्ट पर खींची जाती है उसे पोल कहते हैं । पोल विभिन्न प्रकार की लंबाई, आकार के अनुसार होते हैं, मुख्यत: पोल लकड़ी, सीमेंट (140 केजी/8 मीटर वजन – 360 किग्रा, 280 केजी/9.1 मीटर वजन 680 किग्रा और 350 केजी/9.1 मीटर वजन 750 केजी), लोहे (गर्डर - आरएसजोइस्ट/रिइंफोर्सड स्टील जोइस्ट - (127 वाय 75 एमएम, 175 वाय 85 एमएम), एच बीम - (152 वाय 152 एमएम), रेल - (45 केजी व 52.5 केजी प्रति मीटर), लेटिस टावर - (फेब्रीकेटिड पोल इसे गेंट्री के उपयोग में भी लाते हैं), एंगिल टावर - (ईएचटी टावर लाइन), ट्यूबुलर तथा मोनो ब्लॉक के होते हैं जिनका उपयोग आवश्यकतानुसार किया जाता है ।

12 - कंडक्टर (तार) –

जिसमें होकर विद्युत प्रवाहित होती हैं उसे कंडक्टर कहते हैं । कंडक्टर एसीएसआर (एल्यूमिनियम कंडक्टर स्टील रि - इंफोर्सड) और एएएसी (ऑल एलोय एल्युमीनियम कंडक्टर) होते हैं । एएएसी कंडक्टर चोरी या खराब होने के बाद बिकता नहीं हैं, थोड़ा हार्ड (कठोर) होता है एसीएसआर की तुलना में ।

13 - केबिल –

केबिल का विभिन्न प्रकार से वर्गीकरण किया जाता है यथा - पावर, कंट्रोल केबिल, सिंगल कोर (सिंगल कोर अनसक्रीण्ड अनआर्मड, सिंगल कोर स्क्रींड अनआर्मड) व मल्टी कोर केबिल (थ्री कोर आर्मड, अनस्क्रींड), ओवरहेड, अंडर - ग्राउंड केबिल, तथा वोल्टेज के अनुसार एलटी, एचटी, ईएचटी केबिल आदि ।

केबिल संबंधी निर्माण में खास बाते ये होती हैं – कंडक्टर साइज, कंडक्टर स्क्रीन, इंश्यूलेशन, इंश्युलेशन स्क्रीन, मेटेलिक स्क्रीन, फिलर्स, बेलटिंग पेपर, मेटेलिक शीट, आर्मरिंग, आउटर सर्विसिंग/शीट आदि । केबिल की साइज इन बातों पर निर्भर करती है – करंट ले जाने की क्षमता, शॉर्ट सर्किट करंट, वोल्टेज ड्रॉप, बिजली की क्षतियाँ आदि ।

14 – मीटर –

मीटर ऊर्जा माप का एक उपकरण है इसे एनर्जी मीटर भी कहते है । इनका वर्गीकरण - - सिंगल फेज, थ्री फेज मीटर (थ्री फेज थ्री वायर, थ्री फेज फोर वायर, थ्री फेज फोर वायर सीटी ओपरेटिड एम - डी रिकॉर्डिंग के साथ), मेकेनीकल (मूविंग पार्ट - चकरी), इलेक्ट्रोनिक (स्टेटिक) मीटर, एलटी मीटर, एचटी मीटर (सीटी पीटी/एमई - मीटरिंग उपकरण के साथ)। एचटी इलेक्ट्रोनिक ट्राई वेक्टर मीटर में ये सभी वाचन की सुविधा होती है – एक्टिव एनर्जी - केडब्ल्यूएच, रिएक्टिव एनर्जी - केवीएआरएच, अपरेंट एनर्जी - केवीएएच, पीक मेक्सीमम डिमांड - केवीए, केडब्ल्यू (लेगिंग पावर फेक्टर के साथ), क्यूमूलेटिव डिमांड और पिछले महीने के लिए एमडी बिलिंग - केवीए, रीसेट काउंटर, पावर फेक्टर, फ्रीक्वेन्सी, सप्लाई वोल्टेज में मिसिंग पीटी का होना, मीटरिंग का टाइम, मीटरिंग के टाइम में अंतराल, ऊर्जा - आयात/निर्यात (इम्पोर्ट/एक्सपोर्ट), टेम्पर की जानकारी, बीते समय के साथ मांग प्रस्तुत करना ।

आधुनिक मीटर –

इनके अलावा एएमआर (ओटोमेटिक मीटर रीडिंग) मीटर तथा स्मार्ट मीटर (रेडियो फ्रीक्वेन्सी मीटर), नेट मीटरिंग, प्री पेड मीटरिंग व्यवस्था भी आधुनिक है । एएमआर मीटर में प्रत्येक मीटर पर एएमआर के लिए सिम लगानी पड़ती है, जब कि स्मार्ट मीटर के लिए एक समूह (100 से 200 उपभोक्ता) या क्षेत्र (50 से 100 मीटर) के लिए केवल एक मॉडम लगाया जाता है जो रेडियो फ्रीक्वेन्सी के द्वारा सभी मीटरों की रीडिंग कर लेता है । प्री पेड मीटर एडवांस्ड भुगतान के हिसाब से उपयोग किया जाता है इसमें बिलों का भुगतान न करने पर कनेकशन काटने की कार्यवाही नहीं करनी पड़ती है ।

15 - ट्रांसफार्मर – ट्रांसफार्मर वह उपकरण है जो एक वोल्टेज को दूसरे वोल्टेज में बदलता है । यहा भी करंट होता है, परंतु विशेष बात यह है कि एक ही कोर पर पहले एलटी वाईडिंग तथा उसके ऊपर एचटी वाईडिंग होती है किन्तु एलटी से एचटी वाईडिंग का कोई किसी प्रकार का कनेक्शन नहीं होता है, यहाँ चुम्बकत्व (मेगनेटिज्म), इंडकशन (प्रेरणा/प्रभाव) के कारण एक वाईडिंग से दूसरी वाईडिंग में करेंट प्रवाहित होता है । यदि ट्रांसफारमर एक वाईडिंग में करंट है तो दूसरी वाईडिंग में भी करंट प्रवाहित होगा । जबकि एलटी लाइन का किसी स्थान पर जाइंट/जमफर खुलने/जलने से उस लाइन में आगे करंट नही होगा, परंतु अन्य 11 केवी या उससे अधिक वोल्ट की लाइन कि किसी स्थान पर जाइंट/जमफर खुलने/जलने से उस स्थान पर दोनों तरफ से करंट होगा, यह करंट ट्रांसफार्मर के डेल्टा कनेक्शन होने के कारण वापस करंट पहुचेगा वहाँ तक जहां पर जाइंट/जमफर खुला/जला है । ऐसे में बहुत सावधानी बरतने की आवश्यकता है ।

ट्रांसफार्मर को दो श्रेणी में वर्गीकृत किया जाता है – एक वितरण ट्रांसफार्मर, दूसरा पावर ट्रांसफार्मर । वितरण ट्रांसफार्मर 11 केवी (एचटी) से 440 वोल्ट (एलटी - फेज टू फेज) और 220/230 फेज टू न्यूट्रल बनाता है, जबकि पावर ट्रांसफार्मर एचटी (33 केवी या और अधिक)

से एलटी (11 केवी या और अधिक) बनाता है अथवा इसके विपरीत भी कार्य करता है, जब वोल्टेज अधिक से कम होते हैं उसे स्टेप डाउन ट्रांसफार्मर, और जब वोल्टेज कम से अधिक होते हैं उसे स्टेप अप ट्रांसफार्मर कहते हैं। अन्य वर्गीकरण कोर के अनुसार (कोर टाइप और शेल टाइप), फेज के अनुसार (सिंगल फेज, थ्री फेज), वाईंडिंग के अनुसार (सिंगल वाईंडिंग, टू वाईंडिंग) भी होता है।

16 - पावर ट्रांसफार्मर - के बाहरी मुख्य अवयव होते है – मैन टेंक, रेडिएटर्स, कंजरवेटर टैंक, सिलीकाजेल ब्रीदर, पोर्सलीन बुशिंग स्टड, बुकोल्ज़ रिले, नेम प्लेट, आयल एंड वाईंडिंग टेम्प्रेचर इंडीकेटर मीटर, टेप चेंजर आदि, तथा भीतरी अवयवों में मुख्य होते है – लेमीनेशन, एचटी, एलटी वाईंडिंग कोइल, ट्रांसफार्मर आयल (तेल), टेप चेंजर मेकेनिज़्म आदि।

उपरोक्त के अतिरिक्त भी अन्य ट्रांसफार्मर होते हैं - जैसे - बेल्डिंग ट्रांसफार्मर, सीटी (करेंट ट्रांसफार्मर), पीटी (पोटेन्शियल ट्रांसफार्मर), सीटी पीटी यूनिट (एमई - मेजरींग यूनिट) होते हैं। सीटी का अनुपात (रेशो - प्राइमरी/सेकेन्डरी) प्राय: 100/5, 200/5, 300/5, 400/5 - - - आदि तथा ईएचटी (अति उच्च दाब उपकेन्द्रों) 100/1, 200/1, 300/1, 400/1- - आदि रहता है। पीटी का अनुपात (रेशो - प्राइमरी/सेकेन्डरी) 11 केवी/110 वोल्ट, 33केवी/110 वोल्ट - -- आदि रहता है।

ट्रांसफार्मर की क्षमता केवीए (किलो वोल्ट एम्पीयर) या एमवीए (मेगा वोल्ट एम्पीयर) में नापते/कहते/बोलते हैं।

आवश्यक नोट –

11 केवी लाइन पर एक एम्पीयर करेंट प्रवाहित/चालू होने के समय पावर ट्रांसफार्मर की क्षमता निकालना/जानना -

पावर (केवीए - KVA)= (केवी - KV- किलो वोल्ट) x (ए -A- एम्पीयर) होता है, परंतु थ्री फेज लाइन में जब वोल्टेज फेज टू फेज होता है तब –

पावर (केवीए - KVA) = वर्गमूल (3) x (केवी) x (ए - एम्पीयर) होता है

पावर(केवीए) = (1.732) x (11केवी) x (1ए – एम्पीयर) = 19.052 केवीए = 20 केवीए (लगभग - मानलें)

उपरोक्त से यह सूत्र/फार्मूला निकला/बना कि 11 केवी लाइन पर एक एम्पीयर करेंट प्रवाहित/चालू रहने पर ट्रांसफार्मर क्षमता 20 केवीए लगभग) होती है, इस तरह से 33 केवी लाइन पर 1 एम्पीयर करेंट का मान 60 केवीए (लगभग) होता है, और एलटी (440 वोल्ट) लाइन में 1 एम्पीयर करेंट 0.75 केवीए होता है। इसी से 33 केवी लाइन का करेंट (11/33) एक तिहाई (1/3 = 0.33 एम्पीयर) होगा और एलटी लाइन (440 वोल्ट) का करेंट (11000/440 = 25) 25 गुना होगा अर्थात 25 एम्पीयर होगा। और इसी सूत्र/फार्मूला से ट्रांसफार्मर के फ्यूज रेटिंग निकालते हैं।

उदाहरण के लिए 100 केवीए के वितरण ट्रांसफार्मर के 11 केवी साइड (100/20 = 5 एम्पीयर) 5 एम्पीयर के फ्यूज तथा एलटी साइड (440 वोल्ट) 25 गुना (25) x (5) = 125 एम्पीयर होगा।

1000 केवीए = 1 एमवीए पावर ट्रांसफार्मर के 11 केवी साइड के फ्यूज (1000/20 = 50 एम्पीयर) 50 एम्पीयर के फ्यूज तथा 33 केवी साइड (11/33 अर्थात एक तिहाई) = (50/3 = 16.66 = 17 एम्पीयर) 17 एम्पीयर का फ्यूज होगा। इसी प्रकार से अन्य क्षमताओं के लिए फ्यूज रेटिंग निकालते हैं।

पावर – पावर को केवीए/एमवीए के अलावा वाट/किलोवाट और हार्स पावर (एचपी) में भी नापते हैं।

एक हॉर्स पावर (एक एचपी) 746 वाट या 0.746 किलो वाट के बराबर होता है जिसे (के डब्लू) में लिखते हैं।

एक (केवीए) x (कोस फ़ाई) = एक किलोवाट होता है जहां कोस फ़ाई, पावर फेक्टर होता है, सामान्यत: कोस फ़ाई का मान (0.8) होता है, यह भी जानना आवश्यक है कि कोस फ़ाई का मान हमेशा एक से कम होता है।

यदि कोस फ़ाई का मान 0.746 मानकर चलें तब -

एक (केवीए)(कोस फ़ाई)= एक किलोवाट

एक केवीए = एक किलोवाट/कोस फ़ाई = एक किलोवाट/(0.746) = (0.746) एचपी/(0.746) = एक एचपी = एक हार्स पावर = एक केवीए।

उपरोक्त से यह अर्थ निकलता है कि यदि पावर फेक्टर (0.746) मानने पर एक केवीए एक हार्स पावर के बराबर होता है, अर्थात जितने केवीए उतने हार्स पावर।

साधारण नियम यह है कि जितने हॉर्स पावर की मोटर होगी लगभग उतने ही केवीए मोटर के होंगे जब पीएफ 0.746 मानकर। यह इसलिए जानना जरूरी है कि मोटर की क्षमता प्राय: हार्स पावर (एचपी)/अश्व - शक्ति में होती है उसे ही किलोवाट और केवीए में आसानी से बदलकर ट्रांसफार्मर की क्षमता लोड/भार के अनुसार निकाल लेते हैं, सामान्यत: ट्रांसफार्मर की क्षमता लोड़/भार से अधिक ही रखते हैं, भविष्य की मांग और ट्रांसफार्मर ओवर लोडिंग/अति भार से बचाने के लिए।

16 – अ - आउट डोर एरिया – (सब - स्टेशन यार्ड) -

यह एरिया यार्ड फेंसिंग या चार दीवारी के अंदर का एरिया होता है जहां खंभे/पोल, बसबार, पावर ट्रांसफार्मर, वीसीबी (ब्रेकर), आइसोलेटर, एबी स्विच, लाइटिनिग अरेस्टर (33 केवी व 11 केवी सब) - स्टेशन यार्ड स्टेशन ट्रांसफार्मर (11/0.4 केवी), अर्थिंड्ग सिस्टम, कंट्रोल केबिल,

यार्ड लाइटिंग, कैपेसिटर बैंक आदि होते हैं ।

16 – ब - इन्डोर एरिया – (कंट्रोल रूम - नियंत्रण कक्ष) -

इंडोर एरिया - (कंट्रोल रूम - नियंत्रण कक्ष) - कंट्रोल रूम के अंदर कन्ट्रोल पैनल (33 केवी, 11 केवी ट्रांसफार्मर/फीडर पैनल रिले सहित), बैटरी एवं चार्जर (30 वोल्ट डीसी), एसी डिस्ट्रीब्यूशन बोर्ड, डीसी डिस्ट्रीब्यूशन बोर्ड, कंट्रोल केबिल, टी एंड पी व सुरक्षा उपकरण, ओथराइजेशन चार्ट, फ़र्स्ट ऐड बॉक्स तथा उपकेंद्र से संबन्धित रिकॉर्ड (अभिलेख) आदि ।

17 – वीसीबी –

इसका पूरा नाम वेक्यूम सर्किट ब्रेकर है इसमें लाइन का सर्किट वैक्यूम (हवा रहित) चेम्बर में काटा जाता है । वीसीबी का उपयोग फीडर सप्लाई को चालू/बंद करने के लिए उपयोग होता है ।

18 – कंट्रोल पैनल –

वीसीबी को संचालित करने के लिए कंट्रोल पैनल लगाए जाते हैं जिसमें से दो ओवर करेंट की रिले, एवं एक अर्थ फाल्ट की रिले लगी होती है । साथ ही उसमें वोल्टेज एवं करेंट नापने हेतु वोल्ट मीटर एवं एम्पीयर मीटर लगे होते हैं । बिजली की खपत नापने के लिए के डब्ल्यू एच मीटर लगा होता हैं ।

19 – रिले –

रिले एक विशेष प्रकार का उपकरण होता है जो कि वीसीबी में लगा होता है । लाइनों में जब निर्धारित मात्रा से ज्यादा करेंट बहने लगता है या कंडक्टर टूटता या लाइन के तार आपस में टकराने पर सीटी के द्वारा असामान्य करेंट रिले को मिलता है, तब रिले के कोंटेक्ट आपस में मिल जाते हैं एवं बैटरी की डीसी सप्लाई ही वीसीबी की ट्रिप क्वाइल को चार्ज कर देती है, तब उसमें लगी घुंडी मेकेनिज़्म बॉक्स में लगे लीवर को धक्का मार देती है, जिसके फलस्वरूप वीसीबी ट्रिप हो जाती है ।

वीसीबी में लगने वाली रिले दो प्रकार की होती हैं – 1 - ओवर करेंट और 2 - अर्थ फाल्ट

ओवर करेंट रिले – जब लाइन में निर्धारित मात्रा से अधिक करेंट बहता है, अर्थात लोड अधिक हो जाता है या फेज आपस में टकरा जाएं, तब ओवर करेंट रिले स्वतः (ओटोमेटिक) उपरोक्त अनुसार कार्य करती है । यह वीसीबी में आर एवं बी फेज पर स्थापित होती है । इसमें लाइन में बहने वाले करेंट की मात्रा निर्धारित करने की व्यवस्था होती है ।

अर्थ फाल्ट रिले – जब लाइन के फेज किसी तरह से अर्थ हो जाएं जो कि कंडक्टर के टूटने या इंसुलेटर के फूटने इत्यादि से होते हैं, पर अर्थ फाल्ट रिले स्वतः (ओटोमेटिक)

संचालित होकर लाइन की वीसीबी को ट्रिप कर देती है ।

20 - आइसोलेटर/एबी स्विच –

ये उपकरण अधिकतर बंद लाइन को खोलने या चालू करने के लिए उपयोग होते हैं , एबी स्विच को एयर ब्रेकर स्विच कहते है, कहीं - कहीं इसे जीओडी (गैंग ओपरेटिग डिवाइस) भी कहते हैं । क्योंकि यह खुली हवा में खोलना/लगाना होता है । इसमें एक मेल तथा दूसरा फ़ीमेल पार्ट होते हैं, एबी स्विच खुले होने की स्थिति में मेल फेमेल पार्ट एक दूसरे से अलग होते हैं या इसी को एबी स्विच का खुला होना कहते हैं । जब मेल और फ़ीमेल पाट्र्स एक दूसरे के संपर्क में होते हैं उस स्थिति को एबी स्विच का चालू रहना या लगा होना कहते हैं । आइसोलेटर एबी स्विच इस प्रकार भिन्न होता है कि वह दो तरफ से खुलता और लगता है कहने का आशय यह है कि इसमें दो मेल और दो फ़ीमेल पाट्र्स होते हैं अर्थात यह दो स्थान पर खुलता है और दो ही स्थान पर लगता है ।

21 – डीओ फ्यूज यूनिट (सेट) –

डीओ फ्यूज यूनिट (सेट) को ड्रॉप आउट फ्यूज यूनिट (सेट) कहते हैं । एक यूनिट (सेट) में तीन डीओ होते हैं जो प्रत्येक फेज के लिए अलग - अलग होता है । आपूर्ति व्यवस्था में खराबी (फाल्ट) आने पर डीओ फ्यूज यूनिट के फ्यूज फाल्ट करेंट के कारण डीओ बैरल में जल जाते हैं और बैरल डीओ सेट से नीचे लटक जायेगा और संबन्धित फेज के फाल्ट होने की जानकारी मिल जाती है । फाल्ट निकालकर कर पुनः डीओ फ्यूज डीओ बैरल में डालकर उसे डीओ सेट में लगाकर लाइन की आपूर्ति चालू/बहाल करते हैं ।

22 - बुकोहल्ज़ रिले –

यह ट्रांसफार्मर के ऊपर कंजरवेटर टैंक के नीचे लगी रहती है । जब ट्रांसफार्मर में अंदरूनी खराबी के कारण अनचाही गैस बनती है तब यह रिले कार्य करती है एवं कंट्रोल रूम में लगी बुकोहल्ज़ रिले वाली घंटी बजने लगती है एवं ट्रांसफार्मर की सुरक्षा हेतु वीसीबी को ट्रिप कर देती है ।

23– एक्सप्लोजन वेंट –

ट्रांसफार्मर टैंक के टॉप पर काफी परिधि वाला एक संकरा पाइप लगाया जाता है । इसके दोनों तरफ डाइफ्रेम फिट कर दिए जाते हैं । एक डाइफ्रेम आयल टैंक के बीच और दूसरा डाइफ्रेम पाइप के आखिर में कॉपर का लगा होता है ।

जब भी ट्रांसफार्मर के अंदर कोई बड़ा फाल्ट आता है अथवा बड़ी मात्रा में ट्रांसफार्मर टैंक के अंदर गैसें बन जाती हैं तो इन गैसों के प्रेशर के कारण नीचे वाला डाइफ्रेम फट जाता है और ऊपर वाले डाइफ्रेम से गैस व तेल का दबाव पड़ने पर वह टूट जाता है जिससे ट्रांसफार्मर के अंदर फाल्ट होने की हालत का पता चलता है। इस बचाव के कारण ट्रांसफार्मर टैंक से तेल बाहर निकल जाता है और ट्रांसफार्मर फटने से बच जाता है। कभी - कभी नीचे वाला डाइफ्रेम बिना किसी फाल्ट के भी तेल का दबाव पड़ने से फट जाता है और ऐसे मामले में तेल ग्लास विंडो से दिखाई देने लगता है ऐसी हालत में फटे हुए डाइफ्रेम को बदल देने की कार्यवाही तुरंत की जाती है।

24 – कंजरवेटर टैंक –

ट्रांसफार्मर के अंदर तेल का प्रसारण अथवा संकुचन (बढ़ना या सिकुड़ना) के कारण कंजरवेटर टैंक लगाया जाता है। कंजरवेटर टैंक को एक्स्पेंशन टैंक भी कहते हैं। यह टैंक एक पाइप के जरिए वाल्वों से होकर मेंन टैंक से जुड़ा होता है। कंजरवेटर टैंक में तेल का स्तर जितनी मात्रा आ सकती है उसके आधे पर बनाये रखी जाती है। कंजरवेटर टैंक के बाहर दिखाई देने के लिए एक आई लेवल इंडीकेटर भी लगाया जाता है। जब भी ट्रांसफार्मरर का लोड बढ़ जाता है, ट्रांसफार्मर के अंदर का तेल गर्मी के कारण फैलता है और आयल लेवल बढ़ जाता है। ऐसी हालत में अगर काफी जगह उपलब्ध न हुई, तो ट्रांसफार्मर टैंक का ऊपरी कवर अत्यधिक दबाव के चलते फट जाता है। लेकिन कंजरवेटर टैंक लगा होने के चलते यह बढ़ा हुआ तेल कंजरवेटर टैंक में चला जाता है और मेंन टैंक में तेल का लेवल ज्यों का त्यों बना रहता है, इस कारण से वाईडिंग और रेडिएटर्स को एक्सपोजर के चलते होने वाला नुकसान बच जाता है क्योंकि आंशिक रूप से वैक्यूम नहीं बन पाता।

25 - इक्वेलाइजर पाइप –

कंजरवेटर टैंक और एकसप्लोजन वेंट को जोड़ने वाली पाइप को इक्वेलाइजर पाइप कहा जाता है। अगर कम मात्रा में गैस ट्रांसफार्मर टैंक में बनती भी है, तो वह कनजरवेटर टैंक में इकट्ठी हो जाती है। ये गैसें एक्सप्लोजन वेंट और कंजरवेटर टैंक पर बराबर दबाव बनाये रखती हैं और इक्वेलाइजर पाइप इस काम में उनकी सहायता करता है।

26 – ब्रीदर –

ट्रांसफार्मर में लोड कम ज्यादा होने से ट्रांसफार्मर का तेल फैलता या संकुचित होता है। जब भी तेल फैलता है, कंजरवेटर टैंक की हवा बाहर निकाल जाती है और जब कंजरवेटर के अंदर हवा घुसती है तो तेल में संकुचन होता है। इस एक्शन को ब्रीदिंग एक्शन कहा जाता है। इस काम के लिए कंजरवेटर टैंक के नीचे एक ब्रीदर कनेक्ट कर दिया जाता है। यह एक पाइप होता है जो अंदर की ओर निकलता है। ब्रीदर में सिलीका जेल क्रिस्टल भरे होते हैं और इसके नीचे एक छोटा कप लगाया जाता है जिसमें छेद होता हैं। इसमें बहुत कम मात्रा में तेल भरा होता है। सिलिका जेल क्रिस्टल हवा से नमी सोख लेते हैं और कंजरवेटर टैंक में हवा को जाने देते हैं जबकि ब्रीदर के नीचे के कप में स्थित तेल ब्रीदर में जाने से पहले ही धूल के कणों को खींच लेता है।

हवा जाने के लिए रास्ता – नमी सोखने के कारण, सिलिका जेल क्रिस्टल का नीला रंग गुलाबी हो जाता है। इस प्रकार के रंग के (गुलाबी रंग) सिलिका जेल के क्रिस्टल गरम करके अथवा किसी कागज पर बिछा कर धूप में सुखाने से फिर से एक्टीवेट (पुन: नीला रंग हो जाना) कर दिए जाते हैं। इन्हें एक धातु के बर्तन में धीरे - धीरे गरम करने से एक्टीवेट हो जाते हैं। जब भी ये क्रिस्टल सफ़ेद हो जाते हैं, ये बेकार हो जाते हैं और इनकी जगह दूसरे सिलिका जेल क्रिस्टल लगाने/भरने पड़ते हैं। नीचे के कप में तेल भी गंदा हो जाने पर बदलने की जरूरत पड़ती है।

जब भी नए ब्रीदर के कप में आयल भरे तब कप के नीचे सांस लेने के लिए बने छेद से लगे टेप को अवश्य हटा दें अन्यथा कि स्थिति में ब्रीदर ब्रीदिंग का कार्य नहीं करेगा।

27- टेप चेंजर –

पावर ट्रांसफार्मर में टेप चेंजर दो कारणों से वोल्टेज कंट्रोल करने के लिए जरूरी होता है –

क - जेनरेटिंग स्टेशनों को जोड़ने वाली लाइनों में के डब्ल्यू और केवीए ओवर फ्लो पर नियंत्रण के लिए।

ख – भारतीय विद्युत नियमों के अनुसार उपभोक्ता के लिए एलटी वोल्टेज स्तर (+ 6% या – 6 %) बनाये रखने के लिए।

टैंक के बाहर लगे टेप चेंजर स्विच और टेपिंग्स की मदद से एचवी वाईंडिंग पर मोड़ों (टर्न्स) की संख्या बदलकर वोल्टेज नियन्त्रण किया जाता है। किसी तीन फेज वाले ट्रांसफार्मर में स्विच इस तरह से लगाए जाते हैं कि तीनों बाइण्डिनग्स का संपर्क एक साथ ही बदला जा सके इस टेप चेंजिंग एसेम्बली को टेप चेंजर कहा जाता है। टेप चेंजर दो प्रकार के होते हैं – 1 - ऑफ लोड टेप चेंजर और 2 - ऑन लोड टेप चेंजर

27. - – रेडियेटर्स - इनका इस्तेमाल ट्रांसफार्मरों में सुरक्षित सीमा तक तापमान नियंत्रण करने के लिए होता है। रेडियेटर्स में फिन लगे होते हैं जिसके जरिए तेल की गर्मी बेहतर ढंग से निकल जाती है। तेल गरम होकर रेडियेटर्स ट्यूब/फिन में जाता है और इस तरह से गर्मी वायुमंडल में चली जाती है। यहाँ पर कंडकशन और रेडियेशन का सिद्धांत काम करता है। रेडियेटर्स तेल को नीचे की ओर सरकुलेट करता है क्योंकि मेन टैंक में गरम तेल ऊपर की ओर जाता है और बाद में रेडियेटर्स में पहुंचता है। वायुमण्डल में गर्मी निकल जाने के बाद तेल ठंडा हो जाता है और मेन टैंक में चला जाता है।

आखों से निरीक्षण करने पर ट्रांसफार्मर आयल की तुलना निम्नलिखित प्रकार से की जा सकती है -

तेल का रंग - तेल की क्वालिटी

पीला/पारदर्शी/चमकदार - बहुत अच्छा

पीला/भद्दा - अच्छा

भूरा - अच्छा नहीं

काला/भूरा - मिलावटी

काला - फेकने लायक

28 - लाइटिनिग अरेस्टर –

उपकेंद्र पर 33 केवी एवं 11 केवी के लाइटिनिग अरेस्टर पावर ट्रांसफार्मर की सुरक्षा के लिए लगाए जाते हैं। ये ट्रांसफार्मर के पास 33 केवी एवं 11 केवी दोनों तरफ निकट लगाए जाते हैं। उपकेंद्र में जोड़ने वाली मीलों लंबी 33 केवी एवं 11 केवी मीलों लंबी लाइनों पर बादलों द्वारा आकाशीय विद्युत का चार्ज पैदा होता है जिसकी तीव्रता विद्युत लाइन के वोल्टेज से कई हजार गुना अधिक होती है जिससे ट्रांसफार्मर को नुकसान पहुँच सकता है। 33 केवी एवं 11 केवी के तरफ क्रमश: 30 केवी (आरएमएस) एवं 9 केवी (आरएमएस) क्षमता के लाइटिनिग अरेस्टर लगाने से आकाशीय विद्युत का चार्ज लाइटिनिग अरेस्टर के माध्यम से अर्थ हो जाता है, जिससे ट्रांसफार्मर को नुकसान से बचाव होता है। इनकी डबल अर्थिंग अलग से अर्थ पिट बनाकर करना चाहिए।

प्राय: यह पाया जाता है कि जब लाइटिनिग सर्ज से या तो केवल एक लाइटिनिग अरेस्टर अथवा तीनों लाइटिनिग अरेस्टर बर्स्ट (जलना/खराव होना) हो जाते हैं। तब लाइन फाल्ट के कारण बन्द हो जाती है। उसके बाद पेट्रोलिंग अथवा अथवा निरीक्षण के बाद उन खराब लाइटिनिग अरेस्टर को लाइन से दूर कर (हटाकर/कनेक्शन काटकर) लाइन को चालू कर देते हैं, यदि उस समय लाइटिनिग अरेस्टर उपलब्ध नहीं होते है। अन्यथा उपलब्ध होने पर खराव की जगह उन्हें बदल देते हैं।

आवश्यक कार्य जो करना चाहिए -

जब केवल एक लाइंटिनिग अरेस्टर खराव होता है तब यह अधिकतर बीच का खराव होता हैं क्योंकि बीच का कंडक्टर सबसे ऊपर रहता है और वह ऊपर से लाइटिनिग सर्ज से प्रभावित होता और बर्स्ट हो जाता है। ऐसी स्थिति में लाइटिनिग अरेस्टर उपलब्ध न होने पर खराव लाइटिनिग अरेस्टर को लाइन से डिस्कनेक्ट कर लाइन को चालू कर देते हैं जो कि एक गलत प्रक्रिया है। क्योंकि ऐसी स्थिति में लाइन तो चालू हो जाएगी परन्तु पुन: दोबारा लाइटिनिग होने पर बीच का लाइटीनिग अरेस्टर न होने पर लाइन अथवा कोई उपकरण ट्रान्सफार्मर आदि क्षति ग्रस्त हो जाते/सकते हैं।

सुझाव – समझदार विद्युत कर्मचारी -

समझदार विद्युत कर्मचारी वह होता है जो पहली बार लाइटिनिग अरेस्टर खराव होने पर उसके स्थान पर दूसरे बाहरी फेजों पर उपलब्ध लाइटिनिग अरेस्टर बीच वाले फेज पर लगा देता है तो वह पुन: दुबारा लाइटिनिग सर्ज के कारण से होने से होने वाली क्षति से बचा जा सकता हैं, यह कार्य विद्युत कर्मचारी की कुशल बुद्दमिता का परिचायक है। समझदार विद्युत कर्मचारी वह होता है जो लाइन/उपकरण के लिए लगे लाइटिंग अरेस्टरों में से यदि एक भी लाइटिनिग अरेस्टर उपलब्ध है तो वह उसे बीच के फेज पर लगा देगा/देता है जिससे लाइटिनिग से होने वाले क्षति को रोका जाता/सकता है।

लाइटिनिग अरेस्टर की पोर्सलीन इंसुलेटर को मेंटेनेंस के समय सफाई कर क्रेक चेक करना चाहिए। तथा अर्थ भी टाइट करना चाहिए। अर्थ की आई आर वैल्यू नियमानुसार करना चाहिए। इसका रजिसटेंट (प्रतिरोध) जीरो (शून्य) ओहम रखा जाना चाहिए।

आवश्यक नोट –

11 केवी लाइन पर एक एम्पीयर करेंट प्रवाहित/चालू होने समय पावर ट्रांसफार्मर की क्षमता निकालना/जानना -

पावर (केवीए - KVA) = (केवी - किलो वोल्ट) (ए - एम्पीयर) होता है, परंतु थ्री फेज लाइन में जब वोल्टेज फेज टू फेज होता है तब –

पावर (केवीए) = वर्गमूल (3) x (केवी) x (ए - एम्पीयर) होता है

पावर (केवीए) = (1.732) x (11 केवी) x (1 ए – एम्पीयर) = 19.052 केवीए = 20 केवीए (लगभग - मानलें)

उपरोक्त से यह सूत्र/फार्मूला निकाला/बना कि 11 केवी लाइन पर एक एम्पीयर करेंट प्रवाहित/चालू रहने पर ट्रांसफार्मर क्षमता 20 केवीए (लगभग) होती है, इसी से 33 केवी लाइन का करेंट (11/33) एक तिहाई (1/3 = 0.33 एम्पीयर) होगा और एलटी लाइन (440 वोल्ट) का करेंट (11000/440 = 25) 25 गुना होगा अर्थात 25 एम्पीयर होगा। और इसी सूत्र/फार्मूला से ट्रांसफार्मर के फ्यूज रेटिंग निकालते हैं।

उदाहरण के लिए 100 केवीए के वितरण ट्रांसफार्मर के 11 केवी साइड (100/20 = 5 एम्पीयर) 5 एम्पीयर के फ्यूज तथा एलटी साइड (440 वोल्ट) 25 गुना (25) x (5) = 125 एम्पीयर होगा।

1000 केवीए = 1 एमवीए पावर ट्रांसफार्मर के 11 केवी साइड के फ्यूज (1000/20 = 50 एम्पीयर) 50 एम्पीयर के फ्यूज तथा 33 केवी साइड (11/33 अर्थात एक तिहाई) = (50/3 = 16.66 = 17 एम्पीयर) 17 एम्पीयर का फ्यूज होगा। इसी प्रकार से अन्य क्षमताओं के लिए

फ्यूज रेटिंग निकालते हैं।

पावर – पावर को केवीए/एमवीए के अलावा वाट/किलोवाट और हार्स पावर (एचपी) में भी नापते हैं।

एक हॉर्स पावर (एक एचपी) 746 वाट या 0.746 किलो वाट के बराबर होता है जिसे (के डब्लू) में लिखते हैं।

एक (केवीए) (कोस फ़ाई) = एक किलोवाट होता है जहां कोस फ़ाई, पावर फेक्टर होता है,

सामान्यत: कोस फ़ाई का मान (0.8) होता है, यह भी जानना आवश्यक है कि कोस फ़ाई का मान हमेशा एक से कम होता है।

यदि कोस फ़ाई का मान 0.746 मानकर चलें तब -

एक (केवीए) (कोस फ़ाई) = एक किलोवाट

एक केवीए = एक किलोवाट/कोस फ़ाई = एक किलोवाट/(0.746)

= (0.746) एचपी/(0.746) = एक एचपी = एक हार्स पावर।

उपरोक्त से यह अर्थ निकलता है कि यदि पावर फेक्टर (0.746) मानने पर एक केवीए एक हार्स पावर के बराबर होता है, अर्थात जितने केवीए उतने हार्स पावर।

साधारण नियम यह है कि जितने हॉर्स पावर की मोटर होगी लगभग उतने ही केवीए मोटर के होंगे जब पीएफ 0.746 मानकर। यह इसलिए जानना जरूरी है कि मोटर की क्षमता प्राय: हार्स पावर (एचपी)/अश्व - शक्ति में होती है उसे ही किलोवाट और केवीए में आसानी से बदलकर ट्रांसफार्मर की क्षमता लोड/भार के अनुसार निकाल लेते हैं, सामान्यत: ट्रांसफार्मर की क्षमता लोड़/भार से अधिक ही रखते हैं, भविष्य की मांग और ट्रांसफार्मर ओवर लोडिंग/अति भार से बचाने के लिए।

यूनिट – बिजली मीटर में एक यूनिट की खपत एक किलोवाट लोड को एक घंटे प्रयोग/इस्तेमाल करने पर जो बिजली खर्च होती है उसे एक यूनिट (एक किलोवाटआवर) की खपत कहते हैं। एक 100 वाट का लैंप 10 घंटे जलाने/चलाने पर एक यूनिट बिजली खर्च/बनाता है, 25 वाट का लैंप 40 घंटे जलाने/चलाने पर एक यूनिट बिजली खर्च/बनाता है। इस तरह से आप अपने लोड और प्रयोग/इस्तेमाल के आधार पर खपत का आंकलन कर सकते हैं। और बिजली की टेरीफ़ रेट अनुसार कीमत/मूल्य की गणना भी कर सकते हैं। इसी गणना से मीटर के तेज, धीमा और सही/ठीक चलने का पता लगा लेते हैं। जैसे 100 वाट के बल्व को 10 घंटे जलाने पर मीटर यदि 1 यूनिट बनाता है तो मीटर सही/ठीक है, यदि 1 यूनिट से कम बनाता है तो मीटर धीमा/स्लो चल रहा है और यदि मीटर 1 यूनिट से अधिक बनाता है तो मीटर तेज/फास्ट चल रहा है।

केपेसिटर – केपेसिटर उप केन्द्रों और वितरण ट्रांसफार्मरों तथा उपभोक्ता परिसर में मीटर के बाद इंडक्सन मोटर पर लगाए जाते हैं। इनका मुख्य कार्य पावर फेक्टर में सुधार करना होता, यद्यपि पावर फेक्टर सुधार के साथ - साथ वोल्टेज सुधार भी होता है, बिजली की खपत कम होती है जिससे बिजली बिल भी कम होता है और एक समान लोड के लिए बिना केपेसिटर व केपेसिटर सहित, करंट केपेसिटर सहित स्थित में कम होगा और केपेसिटर रहित स्थिति में करंट ज्यादा होगा। एक 11 केवी फीडर पर लोड 120 एम्पीयर है बिना केपेसिटर के तो केपेसिटर चालू रखने की स्थित में वह 100 एम्पीयर होगा अर्थात 20 एम्पीयर करंट की बचत होगी, उसी प्रकार एक 10 अश्व शक्ति की मोटर 15 - 16 एम्पीयर करंट लेती है तो केपेसिटर चालू रहने की स्थिति में करें 12 - 13 एम्पीयर होगा अर्थात 3 एम्पीयर करंट का बचत होगी जिसका सीधा प्रभाव/असर बिलिंग पर होगा (केपेसिटर चालू रखने की स्थिति में कम बिजली का बिल लगेगा/आयेगा। यदि 10 अश्व शक्ति की मोटर 15 - 16 एम्पीयर करंट ले रही है तो स्पष्ट है कि पावर फेक्टर कम या वोल्टेज कम की वजह से है, इसका निराकरण केपेसिटर लगाकर किया जा सकता है तब मोटर 12 या 13 एम्पीयर करंट लेगी)।

साधारण नियम – एलटी सिंगल फेज मोटर प्रति हॉर्स पावर 3.5 एम्पीयर केरेंट तथा थ्री फेज मोटर प्रति हॉर्स पावर 1.25 एम्पीयर करंट ले रही है तो स्थिति ठीक है अन्यथा अधिक करंट लेना यह प्रदर्शित करता है कि पावर फेक्टर कम या वोल्टेज कम है जिससे मोटर अधिक करंट ले रही है, ऐसी स्थिति में केपेसिटर लगाना अनिवार्य है। साधारणत:

जितने हॉर्स पावर/अश्व - शक्ति की मोटर होती है उसकी एक चौथाई क्षमता के केवीएआर का कैपेसिटर लगेगा। जैसे 100 हॉर्स पावर की मोटर है तो उसका एक चौथाई 25 हुआ अर्थात 25 केवीएआर क्षमता का कैपेसिटर लगेगा/चाहिए।

उप – केंद्र/सब - स्टेशन –

33/11 केवी उप - केंद्र पर प्राय: 1500 केवीएआर और 1200 केवीएआर क्षमता के केपेसिटर लगे/स्थापित होते हैं, ये 11 केवी साइड में बस या 11 केवी फीडर विशेष पर लगे/स्थापित होते है। 1500 केवीएआर क्षमता के केपेसिटर ओटोमेटिक होते हैं और फीडर लोड के अनुसार कार्य करते हैं। 1200 केवीएआर क्षमता के केपेसिटर लोड के अनुसार मेनुअल रूप से उपयोग में लाते हैं, 100 एम्पीयर लोड से अधिक होने पर 1200 केवीएआर क्षमता का प्रयोग करते है। जब लोड 75 से 100 एम्पीयर हो तब प्रत्येक फेज की तीन - तीन यूनिट (900 केवीएआर क्षमता) चालू रखते हैं, और लोड जब 50 से 75 एम्पीयर हो तब प्रत्येक फेज की दो - दो यूनिट (600 केवीएआर क्षमता) चालू रखते हैं। जब लोड 50 एम्पीयर से कम हो तब केपेसिटर बंद रखते है।

नोट – समझदारी और बुद्धिमानी - प्राय: यह देखा गया है कि यदि केपेसिटर की एक यूनिट (100 केवीएआर क्षमता) किसी भी कारण से खराब/बंद हो गई है तब पूरा केपेसिटर बंद कर देते हैं और एक नई यूनिट की मांग कर/भेज देते है। परंतु समझदार कर्मचारी/ऑपरेटर उस केपेसिटर के दो अन्य फेज के एक - एक यूनिट के फ्यूज निकालकर उसे 900 केवीएआर क्षमता पर प्रयोग कर बिजली की बचत/पावर फेक्टर में सुधार कर लेगा और जब तक खराब यूनिट के बदले नई यूनिट आ जाएगी तब उसे बदलकर 1200 केवीएआर क्षमता पर प्रयोग कर लेगा। इसी प्रकार किसी दूसरे अन्य उपकेंद्र पर भी 1200 केवीएआर क्षमता के केपेसिटर की एक यूनिट (100 केवीएआर) खराब होने पर उसे दो और यूनिट दूसरे एक - एक फेज की बंद करके चलाने के बजाय, आपसी चर्चा, सामंजस्य से पहले वाले उपकेंद्र से एक केपेसिटर (100 केवीएआर) का मांगकर/लाकर अपना उपकेंद्र 1200 केवीएआर पर एक खराब यूनिट को बदल कर चला सकता है। तात्पर्य यह है कि दो उपकेन्द्रों पर एक - एक यूनिट केपेसिटर (100 केवीएआर) की खराब होने पर केपेसिटर बंद रखना उचित नहीं है, उचित है एक उपकेंद्र के केपेसिटर को 900 केवीएआर क्षमता पर तथा दूसरे उपकेंद्र के केपेसिटर को 1200 केवीएआर क्षमता पर चलाना उचित एवं लाभप्रद है। यदि तीसरे उपकेन्द्र पर एक यूनिट खराब होने पर, वह भी पहले उपकेन्द्र पर शेष बची एक यूनिट को मंगाकर/लाकर अपना कैपेसिटर बैंक भी 1200 केवीएआर क्षमता पर चला लेगा।

निष्कर्ष – आपसी सामंजस्य - उपरोक्त से यह निष्कर्ष निकला की यदि 3 उपकेन्द्रों पर एक – एक यूनिट कैपेसिटर (100 केवीएआर) खराब होने पर भी 2 उपकेन्द्र के कैपेसिटर 1200 केवीएआर और 1 उपकेन्द्र का कैपेसिटर 900 केवीएआर क्षमता पर चलेगा, जबकि तीनों उपकेन्द्रों के कैपेसिटर बंद रखने के बजाय या तीनों उपकेन्द्रों के कैपेसिटर 900 केवीएआर क्षमता के उपयोग करने से। केवल आपसी तालमेल और आपसी चर्चा व सामंजस्य की आवश्यकता है।

बचत का आंकलन – जब एक फीडर पर केपेसिटर चालू रहता है तब लगभग 20 एम्पीयर की बचत होती है, जब फीडर का लोड बिना केपेसिटर के 120 - 150 एम्पीयर रहता है। यह फीडर 11 केवी लाइन होती है। पहले हम गणना कर चुके हैं कि 11 केवी फीडर का एक एम्पीयर करंट 20 केवीए के लगभग होता है और पावर फेक्टर 0.8 मान लें तब किलोवाट (20) x (0.8) केवीए कोस फ़ाई = 16 किलोवाट लोड इस लोड को एक घंटे प्रयोग करते हैं तब यूनिट = 16 किलोवाट आवर = 16 यूनिट हुई और उसकी कीमत रुपये 6 प्रति यूनिट से रुपये 96 हुए जिसे रुपये 100 मान लेते हैं। कहने का आशय यह है कि एक एम्पीयर लोड एक घंटे में 16 किलोवाट लोड कम करता है और रुपए 100 की बचत करता है। फीडर पर 20 एम्पीयर बचत के समय एक घंटे में 320 किलोवाट लोड कम और रुपये 2000 की बचत करेगा। यदि यही लोड 10 घंटे चला तो बचत रुपये 20,000 (बीस हजार) प्रतिदिन होगी और एक माह की बचत (20,000) x (30) = 6,00,000 (छः लाख) रुपये की होगी। जो कि कई कर्मचारियों के मासिक वेतन से काफी अधिक है। यह बचत उप - केंद्र पर पदस्थ कर्मचारी/ऑपरेटर का योगदान है। इससे केपेसिटर की उपयोगिता स्वत; सिद्ध होती है। उसी प्रकार उपभोक्ता द्वारा केपेसिटर प्रयोग करने से आर्थिक लाभ के साथ वोल्टेज सुधार भी होता है।

केपेसिटर पर कार्य करने से पूर्व यह सुनिश्चित करले कि केपेसिटर डिस्चार्ज अवश्य हो।

3

तकनीकी हानि (टेकनीकल लॉस) -

विद्युत प्रणाली में विद्युत आपूर्ति करते समय, 66 केवी लाईन, या 33 केवी लाईन, 66/11, अथवा 33/11 केवी उप केंद्र (सब - स्टेशन), 11 केवी लाईन, वितरण ट्रांसफार्मर (डीटीआर), एलटी लाईन, उपभोक्ता की सर्विस लाईन, अर्थात उपभोक्ता मीटर से होने वाली हानि तकनीकी हानि कहलाती है ।

1 - वोल्टेज ड्रॉप (लम्बी लाईन, पतला कंडक्टर वायर, ढीले जम्फर, सीपेज /लीकेज (इंसुलेटर/ट्री ब्रांच)

समाधान/निराकरण – फीडर की लम्बाई तथा फीडर का लोड (भार) कम करें (अतिरिक्त नवीन फीडर निर्माण, फीडर के कंडेक्टर वायर की क्षमता वृद्धि, लाइनों का संधारण)

2 - लोड - करेंट – हानि, करेंट xx करेंट x प्रतिरोध के अनुसार होती हे, लंबी लाईन, ज्यादा लोड, पतला कंडेक्टर वायर

निराकरण – फीडर का भार (लोड) सामान्यत: 100 - 150 एम्पीयर से अधिक नही हों, उचित साइज का कंडेक्टर वायर और फीडर की लम्बाई कम हो, (अतिरिक्त नवीन फीडर निर्माण, फीडर के कंडेक्टर वायर की क्षमता वृद्धि, लाइनों का संधारण), एलटी लाइनों में केबिल का उपयोग

3 - इम्पीडेंस - लाईन का इम्पीडेंस लाईन के कंडेक्टर की साईज़, लाईन लम्बाई, कंडेक्टर मेटीरियल आदि पर निर्भर

निराकरण – कम इम्पीडेंस के लिए उचित साइज का कंडेक्टर वायर, फीडर की लम्बाई कम हों

4 - पावर फेक्टर – (पीएफ)(शक्ति - गुणक) यह लाईन की लम्बाई, लाईन से संबन्धित लोड पर निर्भर

निराकरण – इंडेक्टिव लोड के अनुसार केपेसिटर का उपयोग

5 - ट्रांसफार्मर – निम्न गुणवत्ता के ट्रांसफार्मर (स्टार रेटिंग नही), ट्रांसफार्मर लोड सेंटर में स्थापित न होना, ट्रांसफार्मर पर अंबेलेंस्ड लोड, खराव अर्थिङ्ग/रख - रखाव

निराकरण – उच्च गुणवत्ता का ट्रांसफार्मर लगाना, (स्टार रेटिंग), ट्रांसफार्मर लोड सेंटर में स्थापित करना, भार (लोड) के अनुरूप ट्रांसफार्मर की क्षमता वृद्धि/अतिरिक्त स्थापना एवं लोड बेलेंसिंग करना, अर्थिङ्ग ठीक करना/संधारण करना ।

6 - ऊर्जा - दक्ष उपकरणों का उपयोग न करना - बल्व, ट्यूब लाईट के स्थान पर एलईडी का प्रयोग न करना, स्टार रेटिंग उपकरण का उपयोग न करना, मितिव्ययता न वरतना आदि ।

निराकरण - जागरूकता अभियान चलाना, प्रचार/प्रसार – ऊर्जा दक्ष उपकरणो का उपयोग, एलईडी का उपयोग, स्टार रेटिंग उपकरण का उपयोग, मितिव्ययता वरतना आदि

4
वाणिज्यिक हानि (कोमर्सीयल लॉस) -

1 - मीटर – रीडिंग - गलत – रीडिंग, मीटर गुणांक, सीटी/पीटी रेशो

निराकरण – स्पॉट बिलिंग, औटोमेटिक मीटर रीडिंग

2 - मीटर – मीटर बन्द, खराव, जला, सीटी/पीटी बाई पास, तथा उचित बिलिंग न होना, मीटर वायपास अथवा चोरी

निराकरण - समय से ऐसे मीटरों का पता लगाना और बदलना, भारतीय विद्युत अधिनियम 2003 के अनुरूप मीटर बाहर लगाना, एलटी ओवर हेड लाइनों के स्थान पर केबिल का उपयोग, चोरी पकड़ना ।

3 -बिलिंग – उचित बिलिंग गणना नही, पावर फेक्टर, केपेसिटर/बेल्डिंग सर चार्ज की बिलिंग न करना, पुराने एरीयर पर ब्याज की गणना न होना, उचित टैरिफ़ के अनुसार बिलिंग न होना

निराकरण – उपभोक्ता से संबन्धित उचित जानकारी भरना, एएमआर व्यवस्था उपयोग करना

4 - बिल वितरण – समय से बिल वितरण न होना, संबन्धित उपभोक्ता को दूसरे उपभोक्ता का बिल वितरण, बिल वितरण ही न होना

निराकरण – स्पॉट बिलिंग, ई - मेसेज इंटर नेट द्वारा

5 - राजस्व संग्रहण (रेवेन्यू कलेक्शन) - समय पर भुगतान लेने की असुविधा (कार्यालीन समय के अतिरिक्त) गलत नोट ले लेना, नोटों की गिनती में त्रुटि करना,

निराकरण – कलेक्शन किओस्क (एटीपी) स्थापित करना, इन्टरनेट बैंकिंग, व अन्य ई - एप का उपयोग, तथा प्री पैड मीटर लगाना

6 -उपभोक्ता संवाद/व्यवहार - उपभोक्ता की बिल संबन्धित शिकायत का निराकरण न होना, शासन द्वारा प्रचलित योजना का लाभ न मिलना, आदि

निराकरण – उपभोक्ता समस्याओं का समय से उचित निराकरण, उपभोक्ता संवाद बनाए रखना, नियमित भुगतान करने वाले उपभोक्ताओ के लिए प्रोत्साहन योजना, राजस्व वसूली अधिक करने वाले कर्मचारी/अधिकारियों को प्रोत्साहित करना, विभागीय कार्यशाला/सेमीनार कर उचित नवीन नियमों पर चर्चा एवं उनका क्रियान्वन करना ।

5

दुर्घटनाओं के प्रकार (Type of accidents) - -

व्यापक तौर पर दुर्घटनाओं को विद्युतीय (घातक/अघातक) एवं अविद्युतीय (घातक/अघातक) श्रेणी में वर्गीकृत किया गया है । प्राय: यह पूछा/कहा जाता है कि मृत्यु करेंट या वोल्टेज के कारण होती है । अपने - अपने मतानुसार उत्तर देते हैं, उचित उत्तर करेंट का कारण हैं यद्यपि यह भी सही है कि जहां वोल्टेज होगा वहाँ पर करेंट होगा परंतु शरीर में करेंट बहाव के कारण घटना होती है, वोल्टेज के कारण नहीं । आप सभी ने देखा होगा कि लाइनों पर बहुत से पक्षी बैठे रहते हैं परंतु वे दुर्घटना ग्रस्त नहीं होते जब तक उनके शरीर से करेंट प्रवाह न हो, यह तभी होता है जब वे अर्थिंग से संपर्क बनाते हुए करेंट प्रवाहित हो जाए । ऐसा भी देखा गया है जब किसी वाहन पर कंडक्टर टूट कर गिर जाए पर अर्थ न हो ,तब घटना घटित नहीं होगी, परंतु वाहन से कोई व्यक्ति इस प्रकार से उतरता है कि एक पैर वाहन और दूसरा दूसरा पैर जमीन पर तब निश्चित रूप से घटना घातक हो जाती है, और यदि वही व्यक्ति इस प्रकार कूदता है कि उसके दोनों पैर एक साथ जमीन पर आयें और वाहन से कोई संपर्क न हो तो घटना घातक नहीं होगी ।

विद्युतीय दुर्घटनाएं ऐसी दुर्घटनाएं हैं जिनमें प्रभावित व्यक्ति विद्युत के संपर्क में आने से दुर्घटना ग्रस्त होता है । वोल्टेज (एक सर्किट की) किसी भी प्रतिरोध के जरिए गुजरने के लिए करेंट बनाती है । मानव शरीर की प्रतिरोध (रजिसटेन्स) शक्ति अधिक से अधिक 9000 ओहम्स होती है तथा कम से कम 500 ओहम्स होती है । प्रतिरोध का मुख्य हिस्सा त्वचा के कारण होता है । शरीर की आंतरिक प्रतिरोध शक्ति 200 से 800 ओहम्स तक आंकी जाती है । इसलिए, जब त्वचा गीली होती है तथा जब पसीना बहता है, शरीर की प्रतिरोध शक्ति अपने निम्नतम स्तर पर होती है ।

शरीर से गुजरने वाला करेंट किसी भी परिस्थिति में शारीरिक क्षति का कारण होना है, एवं लंबी समय अवधि तथा तीव्रता अनुसार घातक दुर्घटना में परिवर्तित हो जाता है, यदि शरीर के जरिए करेंट का मार्ग बायां हाथ से भूमि तक है तो निश्चित रूप से हृदय भी शामिल हो जाएगा और ऐसी स्थिति में करेंट घातक सिद्ध हो सकता है ।

विभिन्न परिणाम के कारण का मानव शरीर पर प्रभाव –

मिली एम्पीयर में करेंट का मान झटके की अवधि मानवों पर शारीरिक प्रभाव

1 मिली एम्पीयर तक गंभीर नहीं संकल्पना के सिरे तक सीमा

(Range up to threshold of perception) 1 से 15 मिली एम्पीयर तक गंभीर नहीं ऐंठन के सिरे तक सीमा । वस्तु का हाथ से छूट जाना तथा पकड़ न हो पाना

15 से 30 मिली एम्पीयर तक कुछ मिनटों तक बाजुओं में अकड़न (Cramp Like contraction of arms)

सांस लेने में कठिनाई । रक्त चाप बढ़ जाना ।

30 से 50 मिली एम्पीयर तक सैकंडों या मिनटों तक हृदय में अनियमतता । शक्तिशाली ऐंठन प्रभाव । रक्त चाप बढ़ जाना । अगर मिनटों तक बढ़ जाता है तो घातक सिद्ध हो सकता है ।

50 से कुछ सौ मिली एम्पीयर हृदय चक्र से कम कोई भी ventricular fibrillation नहीं होता है ।

गंभीर झटका लगता है।

50 से कुछ सौ मिली एम्पीयर तक हृदय चक्र से अधिक वेंटरीकुलर फइब्रीलेशन । करेंट के निशान पड़ जाएँगे । बेहोशी । अगर तत्काल परिचर्या न हो तो - मृत्यु

कुछ सौ से अधिक हृदय चक्र से कम हृदय चरणों पर निर्भर करते हुए वेंटरीकुलर फाइब्रीलेशन संभव है । करेंट के निशान । बेहोशी ।

कुछ सौ से अधिक हृदय चक्र से अधिक (Reversible Cardiac Arrest) हृदय गति बंद हो जाना । बेहोशी तथा जलन

समीक्षा –

अगर अब ऊपर दिए गए परिकलन की समीक्षा की जाए तो यह देखा जा सकता है कि यदि 15 से 30 मिली एम्पीयर का करेंट कुछ समय के लिए शरीर से प्रवाहित होता है यह सीमा घातक नहीं है । पीड़ित व्यक्ति अपने दिमाग का प्रयोग करके अपने आप को मुक्त कर सकता है या कोई और व्यक्ति जो उसके निकट हो सप्लाई का स्वीच (बटन) बंद कर सकता है । मान लें कि जब पीड़ित गीली भूमि पर है तथा उसने जूता नहीं पहन रखा है, तो उसकी प्रतिरोधकता बहुत कम अर्थात 690 ओहम्सहोगी । इस स्थिति में 230 वोल्ट के सर्किट से शरीर में करेंट 330 मिली एम्पीयर होगा जो इस करेंट टेबल (सारणी) में 50 से कुछ सौ तक की सीमा में आयेगा तथा वह घातक हो सकता है । इस उदाहरण से यह देखा जा सकता है कि जब तक कोई व्यक्ति पूरी तरह हर दृष्टि से सावधान है तो वह अपने घर, कार्यालय आदि में विद्युत से पर्याप्त सुरक्षित है ।

अविद्युतीय दुर्घटनाएं - -

अविद्युतीय दुर्घटनाएं ऐसी दुर्घटनाएं हैं जिनमें प्रभावित व्यक्ति विद्युत संपर्क में आए बिना ही दुर्घटना ग्रस्त हो जाता है । उदाहरण के तौर पर लाईन निर्माण के दौरान कंडक्टर खीचने (स्ट्रिंगिंग) का कार्य करते समय कंडक्टरों में अत्यन्त तनाव होता है यदि पोल पर बैठा हुआ व्यक्ति सावधान नहीं है तो अवश्य संभावी है कि कंडक्टरों के तनाव से वह असंतुलित होकर पोल से नीचे गिर जावे । इस प्रकार पोल पर कार्य करते समय सीढ़ी से फिसलने के कारण, किसी औज़ार से चोट लगने के कारण, सेफ़्टी बेल्ट/झूला ठीक ढंग से न बांधने से गिरने के कारण, वाहनों की दुर्घटनाएं इत्यादि अविद्युतीय दुर्घटनाओं की श्रेणी में आते हैं ।

दुर्घटनाओं का वर्गीकरण नीचे दिये गए चार्ट में दर्शाया गया है --

दुर्घटना

विद्युतीय (इलेक्ट्रीकल) - अविद्युतीय (नॉन इलेक्ट्री

मानव - पशु, मानव - पशु

विभागीय - बाहरी मानव, घातक विभागीय - बाहरी मानव , घातक

घातक - - अघातक, घातक - - अघातक घातक - - अघातक, घातक - - अघातक

सुरक्षा उपकरणों की जांच और समुचित उपयोग –

कार्यों पर निकलने से पहले अपने सुरक्षा उपकरणों की जांच कर लें, तथा समय - समय पर अपने सुरक्षा उपकरणों के जांच अवश्य करें और खराब होने पर उन्हें तुरंत बदलें/बदलवायें । अधिकारी भी एक निश्चित समय सीमा (कम से कम एक माह में एक बार) में सुरक्षा उपकरणों की जांच अवश्य करें और साथ ही यह भी सुनिश्चित करें कि उपकरणों का कार्य स्थल पर उचित उपयोग किया जा रहा है अथवा नहीं । यदि कार्य स्थल पर उचित उपयोग होते न पाये जाने पर उपकरणों का उचित उपयोग करवाना सुनिश्चित करें तथा संभन्धित को यथा नियमानुसार दंडात्मक विभागीय कार्यवाही भी निश्चित करें ।

दुर्घटनाएं: कारण तथा बचाव –

दुर्घटनाओं के सामान्य कारण–

दुर्घटनाएं कभी भी अकस्मात नहीं घटती बल्कि इनके घटने का कारण सुरक्षित स्थिति की कमी या दोषपूर्ण कार्य पद्धतियाँ होती हैं, जिनका विवरण यहाँ दिया जा रहा है : - -

1. बिना परमिट के कार्य करना ।
2. लाईनों को पूर्णत: समझे बिना चालू लाईन में कार्य करने का जोखिम उठाना,

उदाहरणार्थ : -

- डबल सप्लाई उपलब्धता के कारण संबन्धित लाईन चार्ज हो सकती है ।
- संबन्धित लाईन डबल सर्किट हो सकती है या समानान्तर लाईन हो सकती है ।
- शहरों में रिंग मेन व्यवस्था के अंतर्गत विद्युत सप्लाई की जाती है । जिसमें विभिन्न स्तरों पर सप्लाई उपलब्ध हो सकती है ।
- लाईनों की क्रासिंग का ध्यान न रखना ।

1. लाईन पर परमिट लेते समय केवल वीसीबी आपरेट करने से, एबी स्विच/आइसोलेटर न काटने से (याद रखें - लाईन हमेशा खुली आखों से देखना चाहिए कि लाईन के तीनों फेस, तीनों ब्लेड्स से पूरी तरह से खुल गए है, क्योंकि वीसीबी के द्वारा लाईन ऑफ (बंद) करने पर भी कभी - कभी दोनों कोनटेक्ट (मेल, फ़ीमेल) अलग न होने से किसी फेस में लाईन चालू रहने की संभावना बनी रहती है ।)
2. बिना डिस्चार्ज रोड अथवा सुरक्षा जोन बनाए कार्य करना ।
3. कैपेसिटर डिस्चार्ज न करना चूंकि कैपेसिटर स्वयमेव ऊर्जा का स्त्रोत है जो कि संभाधित 11 केवी लाईन/बस से जुड़े होने पर यदि परमिट के दौरान डिस्चार्ज एवं डिसकनेक्ट नहीं किया गया तो दुर्घटना का कारण बन सकता है ।
4. सुरक्षा उपकरणों की अनदेखी अथवा अनुचित प्रयोग । अनुपयुक्त टी एंड पी का प्रयोग, उदाहरणार्थ - स्क्रू ड्राइवर की जगह प्लायर का प्रयोग, स्पेनर के स्थान पर प्लायर का प्रयोग, बिना इंसुलेशन के प्लायरों या स्क्रू - ड्राइवरों आदि का प्रयोग ।
5. रोग, आलस्य अथवा नशे ग्रसित अवस्था में कार्य करना/करवाना ।
6. कार्य के समय लाईन पर अथवा उपकेंद्र (सब - स्टेशन/पावर हाउस) की गेंट्रीपर कार्य करने वाले कर्मचारी से हसी मज़ाक करना ।
7. औज़ार एवं लाईन सामग्री को फेक कर आदान - प्रदान करना ।
8. अपर्याप्त रोशनी (प्रकाश/उजाला) में कार्य करना ।
9. ऐसे बाहरी व्यक्ति जिन्हें संबधित कार्य का कोई ज्ञान नहीं है उनकी सहायता लेना
10. परमिट लेने के दौरान निकट स्थित अन्य क्रासिंग अथवा समानान्तर लाईनों की

अमानक स्थिति की अनदेखी करना ।

13. नियमित या आवश्यक अनुरक्षण के कमी के कारण ।
14. पर्यवेक्षक की अज्ञानता, सतही अनुभव, उचित निर्णय क्षमता की कमी ।

नकारात्मक विचार धारा, धैर्य एवं आत्मविश्वास की कमी भी बड़ी से बड़ी दुर्घटना का कारण बन सकती है ।

15. परमिट कोड संबंधी सावधानियाँ न बरतने के कारण उदाहरणार्थ विभाग अंतर्गत फीडरों का नाम, कार्यालयों का नाम, सेफ़्टी एप्लाइन्स, टी एंड पी, परिवार के नाम पते आदि प्रचलित कोडों का प्रयोग करने से दुर्घटना की संभावना बढ़ जाती है । विशेषत: कोड बर्ड विद्युत उपकरणों, विद्युत से संबन्धित नहीं होने चाहिए इससे असमंजस की स्थिति बन जाती है ।

6

दुर्घटनाओं से बचने के तरीके -

दुर्घटनाओं से बचने के तरीके –

कर्मचारियों की सामान्य ज़िम्मेदारी : -

1. कर्मचारी यत्रों, सामग्री, कार्य की पद्धतियों के साथ अपने आप को परिचित करवाएँ तथा कोई शंका होने पर अपने सुपरवाइजरों/वरिष्ठों के साथ परामर्श करें ।
2. कर्मचारी कार्य शुरू करने से पूर्व अपने सुपरवाइजरों द्वारा दिए गए अनुदेशों (मौखिक या लिखित) को समझना होगा ।
3. किसी यंत्र या उपकरण का प्रयोग करने से पूर्व कर्मचारी उसकी जांच करें कि वह सुरक्षित कार्य करने की स्थिति में है या नहीं ?
4. कर्मचारी ड्यूटी पर नशीले (अल्कोहलिक पेय या नारकोटिक्स वस्तुओं) पदार्थों के सेवन न करें ।
5. कर्मचारी विनम्र हों तथा आम जनता और एक दूसरे का ध्यान रखें । ड्यूटी पर या उप केंद्र (सब - स्टेशन/पवार हाउस) में कार्य करते हुए वे एक दूसरे के साथ न लड़ें/भिडें और न ही किसी प्रकार का मज़ाक करें ।
6. कर्मचारियों के ध्यान में अगर उपक्रम की संपदा या किसी कर्मचारी की खतरनाक स्थिति आती है तो तत्काल ही वे इसकी रिपोर्ट वरिष्ठ अधिकारियों से करें ।
7. ड्यूटी पर रहते हुए कर्मचारी सदैव सजग रहें तथा सोने का प्रयास न करें । जहां पर धूम्रपान करना वर्जित है वहाँ कार्य करते हुए धूम्रपान न करें ।
8. सभी कर्मचारी निम्नलिखित तरीके से कार्य करेंगें – (अ) - अपने आप/स्वयं की सुरक्षा के लिए

(आ) - साथी कर्मचारियों की सुरक्षा के लिए
(इ) - आम लोगों/जनता की सुरक्षा के लिए
(ई) - पशु/पक्षी - जीवन की सुरक्षा के लिए
(उ) - सम्पत्ति/सम्पदा की सुरक्षा के लिए (विभागीय/शासकीय/जनता)
(ऊ) - अधिकतम संभव सीमा तक उपयुक्त सप्लाई को बनाए रखने के लिए तथा
(ए) - प्रतिष्ठान की सुरक्षा के लिए

सुपरवाइजरी स्टाफ की ज़िम्मेदारी –

1 – विभिन्न विभागों/अनुभागों के कार्यों के प्रभारी यंत्री/अभियन्ताओं को प्रभावी तकनीक के प्रावधानों तथा अपने विभाग के कार्यों से संबन्धित सभी अनुदेशों की जानकारी होनी चाहिए तथा वे अपने प्रभार के अन्तर्गत संगठन, प्रभाग तथा कार्य के पर्यवेक्षण के लिए उत्तरदायी होंगे तथा वे यह सुनिश्चित करेंगें कि –

1. उनके अधीन कार्य करने वाले कर्मचारी अपेक्षित योग्यता तथा अनुभव रखते हैं तथा कोई भी आदमी, जो प्राधिकृत या सक्षम नहीं है, को कार्य करने की अनुज्ञा नहीं दी जाये ।
2. कार्य आबंटित करते समय दिये गये प्रत्येक कार्य के लिए कर्मचारियों की पर्याप्त संख्या है तथा उन्होने दिये गये कार्य को निम्न बिन्दुओं पर से ठीक तरह से समझ लिया है –

अ – किया जाने वाले कार्य का विवरण

आ – समुचित रूप में तथा सुरक्षित रूप में कार्य करने के लिए प्रक्रिया

इ – भविष्य में आने वाली संभावित बाधायें

3 – कार्य क्षेत्र में आम जनता को चेतावनी देने के लिए खतरा चिह्न या बैरियर तथा खतरे क्षेत्र में प्रवेश करने से उन्हें रोकने के लिए कार्य शुरू करने से पूर्व उन्हें लगाना ।

1. – दोषजनक (डिफ़ेक्टिव) यन्त्रों, सामग्री तथा कार्य पद्धतियों का प्रयोग न करना ।
2. – प्रचालन एवं अनुरक्षण (संचालन एवं संधारण) स्टाफ के बीच सहयोग एवं समन्वय हो ।
3. – कर्मचारियों का प्रभारी व्यक्ति कार्य स्थल पर कार्य पूरा हो जाने तक तथा सामान्य परिस्थिति बहाल होने तक बना रहे ।
4. – कार्यकारी दल के दैनिक मजदूरों के अलावा संस्थान के सभी नियमित कर्मचारियों को प्राथमिक चिकित्सा तथा अग्नि शमन यन्त्रों के प्रयोग का प्रशिक्षण दिया जाए ।
5. – सुपरवाइजरी स्टाफ अपने अधीन कार्यरत कर्मचारियों की निश्चित अन्तराल से परीक्षा लें तथा वे अपने कार्य से संबन्धित मानक पद्धतियों की पर्याप्त जानकारी रखें ताकि वे यह सुनिश्चित कर सकें कि समय - समय पर उपक्रम । विभाग/अनुभाग द्वारा जारी किए गए अनुदेशों से समस्त कर्मचारी अवगत हों ।
6. – सुपरवाइजरी स्टाफ यह सुनिश्चित करे कि अधीनस्त कर्मचारियों को विभिन्न सुरक्षा उपसाधनों, प्राथमिक सहायता कीटों, अग्नि शमन उपकरणों को उनके रखने के स्थान की जानकारी है ।
7. – सुपरवाइजरी स्टाफ अपने अधीनस्त कर्मचारियों से कार्यरत प्रक्रिया, सुरक्षा पद्यति आदि के सुधार के लिए सुझाव प्राप्त करने के लिए प्रोत्साहन दें तथा उन पर पर्याप्त विचार भी करें ।
8. – सुपरवाइजरी स्टाफ सुरक्षा संगठन के कार्यक्रम के साथ अपने अधीन कर्मचारियों को सहयोग हेतु प्रोत्साहित करें ।
9. – सुपरवाइजरी स्टाफ यह व्यवस्था करे कि दुर्घटना की ठीक ढंग से जांच की जाए तथा दुर्घटना के कारणों से संबन्धित जांच में सहयोग करें तथा भविष्य में ऐसी दुर्घटनाओं से बचाने के लिए प्रक्रिया विकसित करें ।
10. – सुपरवाइजरी स्टाफ एक माह में कम से कम एक बार अपने स्टाफ के सुरक्षा उपकरणों की जांच करे और साथ ही कार्य स्थल पर यथा समय निरीक्षण भी करें ।

विद्युत लाइन एवं उपकरणों पर सुरक्षित कार्य करने के लिए अनुज्ञा (परमिट) जारी करने की प्रक्रिया एवं परमिट प्राप्त करने, जारी करने तथा वापिस करने में बरती जाने वाली सावधानियाँ तथा गोपनीय कोड सम्बन्धी सावधानियाँ –

किसी भी विद्युत खंबों, टावर, उपकरण अथवा चालू लाइन पर सुरक्षित कार्य करने के लिए अनुज्ञा (परमिट) की आवश्यकता होती है । सुरक्षा नियमों के अनुसार सक्षम एवं अधिकृत व्यक्ति परमिट जारी एवं प्राप्त कर सकता है ।

7

परमिट बुक (अनुज्ञा पत्र) का नमूना :-

विद्युत उपकरणों अथवा लाइनों पर कार्य करने की अनुज्ञा (परमिट)
मुख्य पृष्ठ
मध्य प्रदेश मध्य क्षेत्र विद्युत वितरण कंपनी लिमिटिड
अनुज्ञा बुक क्रमांक ---------,
अनुज्ञा सरल क्रमांक/दिनांक - - - - -
उपकेंद्र/उपसमभाग/संभाग - - - -
विद्युत उपकरण या लाइन पर काम हेतु अनुज्ञा (परमिट)
नाम (जिसे जारी किया गया) - - - - -

मैं एतद द्वारा घोषणा करता हूँ कि निम्नांकित उपकरण/लाइन निष्क्रिय कर दी गई हैं और उन्हें सभी विद्युतमय विद्युत परिचालकों (कंडक्टर) से अलग थलग कर दिया है।

सभी जरूरी और नियंत्रक पर "सावधान" के फ़लक/पट्टी लगा दिये हैं। जिन उपकरणों/लाइनों पर काम करना सुरक्षित है उनका स्पष्ट उल्लेख करिये - -

- - - - - - - - - - - - - - - - -

यहाँ उन स्थानों को स्पष्ट लिखिये जहां लाइन/उपकरण अर्थ किये गये हैं - - - - - - - - - - - - -
अन्य सभी उपकरण/लाइनें विद्युतमय हैं
जारी करने वाले अन्य विशिष्टि निर्देश - -

दिनांकित हस्ताक्षर, समय, पद (जब अनुज्ञा फोन पर दी गई हो तो विपरीत छोर पर अधिकृत व्यक्ति का नाम लिखना ही चाहिए) - - - - - - - -

- - - - - - जारी कर्ता
- - - - - - (प्रेषक छोर)
- - - - - - - अभिग्राही छोर

(यदि टेलीफोन पर अनुज्ञा निवेदन हो तो इसका पृष्ठ भाग देखिये)
मुख्य पृष्ठ
मध्य प्रदेश मध्य क्षेत्र विद्युत वितरण कंपनी लिमिटिड
अनुज्ञा बुक क्रमांक - - - - -
अनुज्ञा सरल क्रमांक/दिनाक - - - -
उपकेन्द्र/उपसमभाग/संभाग - - - -
विद्युत उपकरण या लाइन पर काम हेतु अनुज्ञा (परमिट)
नाम (जिसे जारी किया गया) - - - -

मैं एतद द्वारा घोषणा करता हूँ कि निम्नांकित उपकरण/लाइन निष्क्रिय कर दी गई हैं और उन्हें सभी विद्युतमय विद्युत परिचालकों (कंडक्टर) से अलग थलग कर दिया है ।

सभी जरूरी और नियंत्रक पर “सावधान” के फ़लक/पट्टी लगा दिये हैं । जिन उपकरणों/लाइनों पर काम करना सुरक्षित है उनका स्पष्ट उल्लेख करिये - -

- - - - - - - - - - - - - - - -

यहाँ उन स्थानों को स्पष्ट लिखिये जहां लाइन/उपकरण अर्थ किये गये हैं - - - - - - - - - - - - -

अन्य सभी उपकरण/लाइनें विद्युतमय हैं

जारी करने वाले अन्य विशिष्टि निर्देश - -

दिनांकित हस्ताक्षर, समय, पद (जब अनुज्ञा फोन पर दी गई हो तो विपरीत छोर पर अधिकृत व्यक्ति का नाम लिखना ही चाहिए) - - - - - - -

- - - - - - जारी कर्ता
- - - - - - (प्रेषक छोर)
- - -- - - - अभिग्राही छोर

(यदि टेलीफोन पर अनुज्ञा हो तो इसका पृष्ठ भाग देखिये)

पृष्ठ - 2

टिप्पणी – 1 - कार्यवाही करने के लिए सक्षम व्यक्ति द्वारा हस्ताक्षर करने के बाद अधिकृत कार्यप्रभारी को यह पत्रक दिया जाना चाहिए और उसके पास उस समय तक रहना चाहिए जब तक किअधिकृत व्यक्ति द्वारा काम बंद नहीं कराया जाता या काम पूरा नहीं हो जाता ।

2- मुख पृष्ठ पर उल्लिखित विद्युत उपकरण/लाइन उस समय तक विद्युतमय नहीं किया जाना चाहिए जब तक कि कार्यप्रभारी द्वारा यह पत्रक हस्ताक्षर कर अनुज्ञा जारी कर्ता को वापिस नहीं हो जाता ।

मैं एतद द्वारा घोषित करता हूँ कि मेरे संरक्षण के सभी व्यक्ति, अर्थिंग तथा सामान, लाइन/उपकरण से अलग हटा दिये गये हैं और सभी व्यक्तियों को सावधान कर दिया गया है कि अब आगे इस पत्रक में उल्लिखित उपकरण/लाइन पर काम करना सुरक्षित नहीं है ।

दिनांक - - - -

हस्ताक्षर - - - - - -

समय - - - - - -

पद - - - - - -- - - -

मैं एतद द्वारा इस पत्रक को निरस्त करता हूँ।

दिनांक - - - - - - -

हस्ताक्षर - - - - - -

समय - - - - - - - -

पद - - - - - -

पृष्ठ - 2

(जब अनुज्ञा टेलीफोन पर आवेदित हो तब इसका उपयोग करें)

आवेदन

प्रेषक - - - - - - प्रति - - - - - -

- - - - - - - - -

(स्थान)

- - - - - - -

(समय) - - - - -

कृपया निम्नांकित करने की अनुज्ञा जारी करें

- - - - - - - - - - -

- - - - - - - - - - -

हस्ताक्षर - - - -

पद - - - - - -

सुरक्षा नियमों के अनुसार सक्षम एवं अधिकृत व्यक्ति परमिट जारी एवं प्राप्त कर सकता है।

सक्षम एवं अधिकृत व्यक्ति –

(अ) – परमिट कार्य करने हेतु शिफ्ट प्रभारी अथवा विद्युत कार्य संचालन हेतु जिम्मेदार व्यक्ति जो परमिट जारी किए जाने हेतु सक्षम है, के द्वारा ही किया जा सकेगा। ऐसे व्यक्तियों को सक्षम या अधिकृत व्यक्ति कहा जायेगा।

(आ) -उपरोक्त में उल्लेखित सक्षम एवं अधिकृत व्यक्ति वे ही होंगे, जिनके नाम/पदनाम सहित उपमहाप्रबंधक (अधिशासी अभियन्ता/डीवीजनल इंजीनियर)(संचालन/संधारण)/शहर द्वारा लिखित रूप से घोषित किये जाएँगे और ऐसे ही व्यक्ति उक्त कर्तव्य को निभाने में सक्षम होंगे।

(इ)- सक्षम एवं अधिकृत व्यक्ति केवल निर्धारित क्षेत्र में परमिट जारी करने अथवा प्राप्त करने हेतु सक्षम एवं अधिकृत होंगे। उनके कार्य क्षेत्र के सूचना उप महाप्रबंधक/अधिशासी अभियन्ता (ईई)/डीवीजनल इंजीनियर (डीई) द्वारा उपरोक्त कंडिका में वर्णित घोषणा में की जाएगी।

(ई) – समस्त सक्षम एवं अधिकृत व्यक्तियों की सूची निर्धारित प्रपत्र में संबन्धित उपकेन्द्रों (सब स्टेशन/पावर हाउस)मेंप्रमुखता से दर्शायी जाएगी।

(उ) – समस्त सक्षम एवं अधिकृत व्यक्तियों की सूची सभी संबन्धित संभागीय/डीवीजनल कार्यालयों/उपकेन्द्रों में अनिवार्य रूप से उपलब्ध रहेगी एवं उक्त सूची में समय - समय पर आवश्यकतानुसार परिवर्तन किया जा सकता है।

अनुज्ञा (परमिट) जारी करने, प्राप्त करने एवं वापिस लौटाने की प्रक्रिया –

(अ) - कार्य करने के लिए किसी भी लाइन या उपकरण पर लाइन क्लियर है (लाइन विद्युत प्रदाय/सप्लाई बंद है) का परमिट प्राप्त करने हेतु अधिकृत व्यक्ति द्वारा आवेदन दिया जाता है तथा सक्षम व्यक्ति द्वारा निर्धारित प्रपत्र में लिखित में परमिट जारी किया जायेगा।

(आ) - यदि किसी कारणवश लिखित में व्यक्तिगत उपस्थित होकर परमिट प्राप्त करना संभव न हो और कार्यस्थल दूर हो तथा परिस्थिति आकस्मिक हो, उस अवस्था में लाइन बंद अथवा चालू कराने का परमिट दूरभाष/मोबाइल पर लिया या दिया जा सकेगा। दूरभाष/मोबाइल पर लिए/दिए जाने वाले परमिट देने वाला व्यक्ति पुष्टि करेगा, ताकि दोनों व्यक्तियों को उद्देश्य (आशय) स्पष्ट हो। उक्त दूरभाषिक निर्देशों को इस हेतु विशेष रूप से संधारित लाइन क्लियर परमिट बुक में परमिट प्राप्त करने वाले एवं जारी करने वाले व्यक्तियों द्वारा दर्ज (लिखा) किये गयेपरमिट की द्वितीय प्रति (कापी) का आदान - प्रदान यथाशीघ्र व्यक्तिगत रूप से परमिट लेने या जारी करने वाले व्यक्तियों द्वारा किया जायेगा। उक्त परमिट पुस्तिकाओं का उप महाप्रबंधक/डीवीजनल इंजीनियर/अधिशासी अभियन्ता द्वारा समय - समय पर निरीक्षण किया जावेगा।

(इ) - परमिट पुस्तिका एक महत्वपूर्ण दस्तावेज़ (अभिलेख) है। परमिट पुस्तिका एवं उसके पृष्ठों पर क्रमश: पुस्तिका क्रमांक एवं क्रमांक अंकित होना चाहिए। उक्त पुस्तिका का कोई भी पृष्ठ फाड़ना नहीं चाहिए एवं उसका उपयोग केवल परमिट हेतु ही किया जाना चाहिए। यदि किसी कारणवश पृष्ठ फट जाता है या निकल जाता है, तो उस अवस्था में पुस्तिका धारक व्यक्ति द्वारा दिनांक डालकर, हस्ताक्षर कर फटे या अलग हुए पृष्ठ को पुस्तिका में यथा स्थान रखना चाहिए।

(ई) - जिस व्यक्ति द्वारा परमिट लिया गया है वही उसे लौटाएगा भी। यदि परमिट प्राप्त करने वाला व्यक्ति एवं जारी करने वाला व्यक्ति एक ही है, तो भी निर्धारित प्रक्रिया का पालन करते हुए स्वत: ही निरस्त किया जायेगा।

(उ) - व्यक्तिगत रूप से लिए गए परमिट को फोन (दूरभाष/मोबाइल)पर भी लौटाया जा सकेगा किन्तु उपरोक्त वर्णित प्रक्रियाओं का सख्ती से पालन किया जावेगा।

(ऊ) – उच्च दाब लाइनों/उपकेन्द्रों में कार्य करने के लिए सुरक्षा की कड़ी में सर्वप्रथम लाइन बंद करने उपकेंद्र से बाहर निकलने वाले हिस्से में तीनों तारों पर डिस्चार्ज रोड से अर्थ करने के पश्चात आपरेटर, प्राधिकृत (अथोराइज्ड) अधिकारी/कर्मचारी को परमिट जारी करता है। कोई अन्य व्यक्ति जानबूझकर अथवा लापरवाहीवश परमिट का दुरुपयोग कर सकता है जिससे लाइन पर कार्य करने वाले कर्मचारियों को खतरा उत्पन्न हो सकता है। इस आशंका से बहाने के लिए बहुआयामी सुरक्षा की दृष्टि से परमिट जारी करने एवं निरस्त करने के समय कोड (कूट संकेत) का प्रयोग करना चाहिए।

परमिट जारी करने वाले व्यक्ति द्वारा ली जाने वाली सावधानियाँ: -

परमिट जारी करने वाले कर्मचारी/व्यक्ति का यह कर्तव्य है कि कार्य हेतु दिये जाने वाले परमिट के जारी करने के पूर्व जिस भी लाइन या उपकरण पर परमिट चाहा गया है , पूर्ण रूप से बंद हो गई है। उसमें विद्युत प्रवाह नहीं है तथा पूर्ण रूप से अर्थ कर दिया गया है।साथ ही डिस्चार्ज रोड से स्टेटिक चार्ज डिस्चार्ज कर दिया गया है।

जिस लाइन पर या उपकरण पर विद्युत प्रवाह बंद कर परमिट जारी करना है, उस पर डिस्चार्ज रोड सभी फेजों में टांग कर अर्थ करना है, तभी लाइन में फेजों को शॉर्ट कर अर्थ करना एवं लाइन बंद है, कार्य चालू है का बोर्ड टांगना चाहिए इसके उपरांत ही परमिट जारी किया जाना चाहिए।

जिस लाइन या उपकरण को विद्युत विहीन किया गया या बंद किया गया है, उसके एबी स्वीच/आइसोलेटर पर ताला लगाना चाहिए एवं उसकी चाबी परमिट देने वाले व्यक्ति को अपनी सुरक्षा में रखना चाहिए।

जहां पर ओसीबी या वीसीबी रिमोट से बंद या चालू किए जाते हैं, वहाँ पर सप्लाई बंद करके नोटिस बोर्ड टांगना चाहिए – कर्मचारी काम पर हैं, सप्लाई बंद है तथा पैनल का कंट्रोल फ्यूज भी निकाल लेना चाहिए और अपने पास रखना चाहिए।

आउटडोर सर्किट ब्रेकर के दोनों ओर के आइसोलेटर काटकर हेंडिल में ताला डालकर लाइन बंद है कार्य चालू है की पट्टिका टांगना चाहिए तथा सर्किट ब्रेकर के सभी छः टर्मिनल पर डिस्चार्ज रोड से डिस्चार्ज करके डिस्चार्ज रोड टांग कर रखना चाहिए।

स्विच – गियर या बस - बार के उस पूरे सेकशन पर, जिसके लिए परमिट लेने की आवश्यकता है, को सावधानीपूर्वक समस्त विद्युत स्रोतों से अलग कर ग्राउंड/अर्थिङ्ग किया जाना चाहिए। अलग किए गए सेक्शन की सीमा को परमिट प्राप्त करने वाले व्यक्ति को विशेष रूप से बताना चाहिए एवं इसका उल्लेख परमिट में अवश्य लिखना चाहिए।

सुधार कार्य करते समय कर्मचारी को ऊपर भी चढ़ना पड़ता है, जिसके कारण उक्त व्यक्ति की चालू लाइन कंडक्टर से दूरी कम हो जाने की संभावना रहती है, ऐसे स्थानों को चिन्हित करके परमिट प्राप्त करने वाले व्यक्ति को विशेष रूप से सावधानी रखने के लिए सचेत करना चाहिए एवं इसका उल्लेख भी परमिट में करना चाहिए तथा जहां जरूरत हो, वहाँ अस्थाई बेरियर, स्क्रीन या अन्य सुरक्षा उपायों का इस्तेमाल करने हेतु कहा जाना चाहिए।

सर्किट ब्रेकर, वोल्टेज ट्रांसफार्मर की सप्लाई बंद करके इन्हें डिस्चार्ज करके अर्थ करना चाहिए तभी परमिट जारी करना चाहिए। इसी तरह ओवरहेड लाइनों की तरह सुरक्षा के नियमों का पालन अंडरग्राउंड केबिल के परमिट देने/लेने में भी करना चाहिए।

जिस व्यक्ति द्वारा लाइन बंद कराने का परमिट लिया गया है, उस व्यक्ति को यह आवश्यक नहीं है कि वह परमिट उसी व्यति को लौटाए, जिससे उसने शट – डाउन का परमिट लिया है। परंतु उसी स्थान पर/उपकेंद्र पर भी ड्यूटी आपरेटर या इंजीनियर ड्यूटी बदल जाने से कार्यरत हो, उसे परमिट लौटाना चाहिए।

उपकेंद्र से ड्यूटी आपरेटर जिसने किसी लाइन या उपकरण पर शट - डाउन देकर परमिट जारी किया है और अपनी निर्धारित ड्यूटी अवधि समाप्त होने पर नए ड्यूटी आपरेटर को चार्ज सौंपता है तो शट - डाउन एवं परमिटजारी करने की पूरी जानकारी, अर्थ करने, लाइन शॉर्ट करने एवं कर्मचारियों के काम करने की विस्तृत रिपोर्ट ड्यूटी हेंडिंग - ओवर टेकिंग - ओवर रजिस्टर तथा परमिट बुक में ड्यूटी छोड़ने से पूर्व दर्ज (लिखना) करना चाहिए एवं चार्ज लेने वाले आपरेटर को मौखिक रूप से भी जानकारी देना चाहिए।

परमिट वापस करने के लिए - - -

जिस भी अधिकृत व्यक्ति द्वारा लाइन बंद कराने का परमिट लिया है, उसे परमिट लेते समय स्वयं परमिट देने वाले के साथ उन स्थानों का निरीक्षण करना चाहिए, जहां से विद्युत प्रवाह बंद किया है तथा परमिट देने वाले ने जो भी सुरक्षा के उपरण अर्थ डिस्चार्ज शॉर्ट सर्किट एबी स्विच खोलकर हेंडिल में ताला लगाया है। ओसीबी/वीसीबी ट्रिप कर सप्लाई बंद कर दी है, यह सुनिश्चित कर लें कि विद्युत प्रवाह बंद है, जिसके लिए परमिट लिया जा रहा है। तब परमिट पर हस्ताक्षर कर परमिट प्राप्त करें।

परमिट अपने संरक्षण में सुरक्षित रख कर शट - डाउन या सुधार कार्य करने की कार्यवाही पूर्ण सुरक्षा नियम अपनाते हुए ही करें या अपने अधीन कर्मचारियों से कार्य करावें। पहले लाइन को डिस्चार्ज रोड से अर्थ कर डिस्चार्ज करें। विद्युत लाइन शॉर्ट सर्किट कर अर्थ करें तथा सेफ जोन बनायें। इस हेतु कार्य करने के स्थान के पहले एवं बाद में डिस्चार्ज एवं शॉर्ट कर ही कर्मचारियों को कार्य करने हेतु कहें।

कार्य पूर्ण हो जाने पर स्वयं पूरे कार्य क्षेत्र का निरीक्षण करें। जो भी कार्य किया है, ठीक तरह से है तथा कोई भूल या गलती नहीं हुई है। अनावश्यक तार या सामान लाइन या उपकरण पर नहीं है। सभी कार्यरत कर्मचारियों को सुरक्षित कार्यस्थल/लाइन एवं उपकरण से दूर कर हिदायत (निर्देश) दें कि अब लाइन या उपकरण पर न चढ़े, न छूएँ, इसे चालू किया जाता है। निश्चित हो जाने पर कि जितने कर्मचारी लाइन पर कार्य हेतु लगाए थे, सभी सुरक्षित लाइन या उपकरण से दूर हो गए हैं, तब ही सुरक्षा जोन हेतु शोर्ट सर्किट तथा डिस्चार्ज रोड बारी - बारी से लाइन से हटाने पुनः एक बार ध्यान से किए गए सुधार कार्य का निरीक्षण करें। संतुष्ट हो जाने पर ही परमिट लौटाने की प्रक्रिया करें। परमिट पर उस स्थान पर हस्ताक्षर कर दिनाक, परमिट वापिस करने का समय स्वयं का पद भी भरें।

कोड सम्बन्धी सावधानियाँ - - -

परमिट जारी कर्ता एवं प्राप्त कर्ता दोनों एक दूसरे को एकांत में अपने कोड बर्ड (कूट संकेत) देगें, जिन्हें स्मरण रखना होगा अथवा अपनी ज़िम्मेदारी पर किसी छोटी सी पर्ची पर लिखकर सुरक्षित रहना होगा। ये कोड किसी दस्तावेज़ (अभिलेख) में नहीं लिखे जावेंगे। परमिट निरस्त करते समय सर्व प्रथम परमिट जारी कर्ता, परमिट प्राप्त कर्ता से अपना (जारी कर्ता का) कोड पूछेगा। उसे केवल जारी कर्ता द्वारा दिया गया कोड ही बताना है, स्वयं का नहीं। यदि प्राप्त कर्ता तत्काल जारी कर्त्ता द्वारा दिया गया कोड नहीं बता सका तो संदेह के घेरे में आ

जायेगा एवं लाइन चालू करने के पूर्व अधिकारियों के माध्यम से अन्य सुरक्षा प्रक्रिया अपनाना होगी । यदि परमिट प्राप्त कर्ता आपरेटर से पूछेगा तथा सही उत्तर मिलने पर परमिट में हस्ताक्षर कर निरस्ती के लिए वापस् कर देगा ।

उपरोक्त कोड की प्रक्रिया टेलीफोन/मोबाइल पर लिए जाने एवं व्यक्तिगत रूप से लिये/दिये जाने वाले दोनों परमिट पर भी अनिवार्य रूप से अपनायी जानी चाहिए ।

परमिट प्राप्त करने वाला व्यक्ति कार्य पूर्ण होने के पश्चात स्वयं ही परमिट निरस्त करेगा किन्तु आपरेटर की ड्यूटी बदलने पर परमिट जारी कर्त्ता आपरेटर अगले आपरेटर को अन्य विवरणों के साथ एकान्त में दोनों कोड देकर जा सकता है ।

कोड का चयन करने से पूर्व इस बात का विशेष ध्यान रखें कि यह शब्द आपके विभाग अंतर्गत फीडरों का नाम, सेफ़्टी एप्लाइन्स, टी एंड पी आदि से संबन्धित न हो, इसके अतिरिक्त आपके परिवार के नाम, पते तथा महत्वपूर्ण तारीख/दिनांक भी न हो ।

एक ही लाइन/उपकेंद्र पर एक से अधिक परमिट - -

वर्तमान में अधोसंरचना विकास, लाइन लॉस को कम करने के लिए विभिन्न योजना/स्कीम के अंतर्गत कार्य प्रगतिशील हैं, अतएव ऐसी स्थिति कई बार बन जाती है, ओ एंड एम (संचालन - संधारण) द्वारा बनाए गए संधारण कार्यक्रम के साथ एसटीएम अथवा निर्माण (प्रोजेक्ट आदि) कार्य के लिए एक ही समय में परमिट की आवश्यकता पड़ती है, इससे अवरोध न्यूनतम होता है । अत: एक ही अधोसंरचना पर एक से अधिक परमिट दिये जा सकते हैं, किन्तु इस परिस्थिति में परमिट संबन्धी उपरोक्त सभी सावधानियों एवं नियमों का पालन तो करना ही है साथ ही विशेष रूप से निम्न सावधानियों का पालन अनिवार्य है ।

1. पहले परमिट के पश्चात दिये जाने वाले परमिट के पूर्व आपरेटर द्वारा परमिट लेने वाले को यह सूचना दी जाए कि आप से पूर्व भी फलां अधिकृत व्यक्ति/व्यक्तियों ने अमुक समय पर परमिट लिया है तथा उनका मोबाइल नंबर भी बताएं, साथ ही पूर्व में परमिट लेने वाले व्यक्ति/व्यक्तियों को स्वयं भी फोन पर सचेत कर दें कि उसके अलावा भी किन लोगों को परमिट दिया गया है और उनके मोबाइल नंबर भी नोट करा दें ।
2. प्रथम की तरह बाद के हर परमिट लेने वालेको चाहिए कि वह स्वयं पेनल पर ब्रेकर की स्थिति कटे हुए एबी स्विच/आइसोलेटर एवं चाहे गए फीडर पर डिस्चार्ज रोड विधिवत डाली है अथवा नहीं ।
3. आपरेटर एक ही फीडर/उपकेंद्र पर जितने परमिट जारी करता है उनको पेनल के हेंडल पर लाइन बंद है कार्य चालू है की उतनी पट्टियाँ टांगे, साथ ही हर बार यह सुनिश्चित कर लें कि पेनल का कंट्रोल फ्यूज निकाल दिया गया है ।
4. आपरेटर को परमिट निरस्त करते समय पूर्णत: सचेत रहना होगा कि जब तक सभी परमिट निरस्त नहीं हो जाते, किसी भी परिस्थिति में विद्युत प्रदाय चालू नहीं किया जावेगा । शिफ्ट ड्यूटी बदलते समय जाने वाले आपरेटर की यह ड्यूटी होगी कि आने वाले आपरेटर को लिखित और मौखिक रूप से सभी परमिटों के बारे में स्पष्ट जानकारी देवें तथा जानकारी प्राप्त हो गई है इस प्रकार हस्ताक्षरित लिखित प्राप्त करके साथ ले जायें।
5. जिन प्राधिकृत कर्मचारियों ने परमिट लिए हैं, उपरोक्त निर्देशानुसार सभी के पास आपरेटर द्वारा दिये गयेएक दूसरे के परिचय एवं फोन/मोबाइल नंबर उपलब्ध हों । ये परमिट लेने वाले व्यक्ति किसी भी प्रभाग, संभाग, उप संभाग अथवा विभाग के क्यों न हों, इनकी ज़िम्मेदारी होगी कि एक दूसरे से परमिट के विषय में बात करलें ताकि किसी एक व्यक्ति भूल के कारण कोई अप्रिय घटना न घट सके ।
6. प्रथम के पश्चात फोन पर दिये जाने वाले परमिट के लिए उपरोक्त सभी सावधानियों के अतिरिक्त आपरेटर द्वारा यह ध्यान रखा जाय कि किसी भी कोड की पुनरावृत्ति न हो ।
7. साथ ही पूर्व में परमिट लेने वाले व्यक्ति/व्यक्तियों को स्वयं भी फोन/मोबाइल पर सचेत कर दें कि उसके अलावा भी किन लोगोंको परमिट दिया गया है और उनके मोबाइल नंबर भी नोट करा दें ।

8

सुरक्षा उपकरण (औज़ार) एवं उनके उपयोग - -

सुरक्षा उपकरण (औज़ार) एवं उनके उपयोग - -

विभाग/कम्पनी की दृष्टि से उसके कर्मचारियों की सुरक्षा सर्वोपरि है । चालू एवं बंद लाइनों में कार्य करने के लिए सुरक्षा उपकरणों का प्रयोग अत्यंत/नितांत आवश्यक है । ये उपकरण न केवल चोट एवं करेंट लगने से हमारी सुरक्षा करते हैं वरन कार्य करने में सहयोग भी करते हैं । कार्यों को सुरक्षित ढंग से कम से कम समय में पूर्ण करवाने की जवाबदारी (उत्तरदायित्व) पर्यवेक्षक/सुपरवाइज़र अधिकारी की है, साथ ही साथ वितरण केंद्र/जोन प्रभारी को समय - समय पर अपने अधीनस्थ कर्मचारियों को सुरक्षित ढंग से कार्य करने की पद्धतियों/तरीकों का स्मरण/याद कराते रहना चाहिए एवं माह में कम से कम एक बार उनके सुरक्षा उपकरणों की जांच भी करनी चाहिए । दोषयुक्त होने पर शीघ्र बदलना चाहिए ।

पीपीई (पर्सनल प्रोटेक्शन इक्विपमेंट) - जब कर्मचारी विद्युत संबन्धित कोई भी कार्य करता है तब उसे पीपीई (पर्सनल प्रोटेक्शन इक्विपमेंट) का उपयोग आवश्यक है । ये उपकरण मुख्य हैं – नियोन टेस्टर, डिस्चार्ज रोड, रबड़ दस्ताने (रबड़ हैंड ग्लव्ज्स), हेलमेट, सेफ़्टी बेल्ट, सेफ़्टी शूज, मास्क और गोगिल आदि -

आवश्यक सुरक्षा उपकरणों का विवरण –

आवश्यक सुरक्षा उपकरण – डिस्चार्ज रोड –

डिस्चार्ज रोड – डिस्चार्ज रोड लाइन कर्मचारी के लिए जीवन रक्षक कवच का कार्य करती है । डिस्चार्ज रोड का इस्तेमाल/प्रयोग पावर लाइन से स्टेटिक और इंडकशन चार्ज को हटाने के लिए किया जाता है । इसका विधिवत उपयोग मनुष्य को लाइन के संपर्क में आने से पूर्व लाइन को बंद करके जीवन को सुरक्षित बचा लेता है । डिस्चार्ज रोड एक ठोस लकड़ी/बांस अथवा कुचालक वस्तु (लगभग 5 फीट/1.5 मीटर लम्बाई) की जिसके एक सिरे पर कापर हुक के साथ नट - बोल्ट से लगभग 10 मीटर लम्बाई (7/20 एस डब्ल्यू जी) का इंसुलेटिड कॉपर वायर/तार कसा होता है । लाइन बंद कराकर परमिट प्राप्त करने के उपरांत भी जिस पोल अथवा डीपी पर चढकर कार्य करना होता है उसकी जड़ में लगे अर्थ टर्मिनल, अर्थ वायर (जीआई/फ्लेट) में डिस्चार्ज रोड में लगे पीवीसी वायर का खुला सिरा कस कर डिस्चार्ज रोड को अर्थ से मजबूती से संयोजित कर लिया जाय तत्पश्चात लाइन कर्मी डिस्चार्ज रोड को तिरछा (45 डिग्री कोण) पकड़ कर, कॉपर हुक वाला सिरा ऊपर उठाते हुए पोल पर चढ़े । जैसे ही कॉपर वायर हुक विद्युत लाइन के तार की फ्लेश ओवर परिधि/सीमा में पहुचेगा यदि लाइन त्रुटिवश चालू है तो फ्लेश ओवर होगा एवं लाइन बंद हो जाएगी, कर्मचारी सुरक्षित रहेगा । यदि लाइन बंद है तब भी कॉपर हुक से डिस्चार्ज रोड को पोल/डी पी के दोनों ओर तारों पर लटकाने से किसी भी अप्रत्याशित करेंट से कर्मचारी पूर्ण सुरक्षित रहेगा ।

डिस्चार्ज रोड निम्नलिखित प्रकार की दुर्घटनाओं से हमारा बचाव करता है - -

1. प्रयोग करने से पहले यह सुनिश्चित कर लें कि तार ठीक हैं अर्थात कंटीनयुटी (निरंतरता) चेक कर लें, और तार के सिरे साफ हैं । तार के पक्के कनेकशन बनायें और इसके लिए नट - बोल्ट से अर्थ पॉइंट बनायें।

अगर नट - बोल्ट का प्रयोग संभव न हो तो अर्थ वायर के सिरे को खींच कर लपेट दें और उसे मजबूती के साथ अर्थिंग से बांध दें । ऐसी हालत में अर्थिंग का ठीक ठाक होना और उसकी निरंतरता चेक करना जरूरी है । यदि उस स्थान पर अर्थ पॉइंट नहीं है तब भी अपना अस्थाई अर्थ (एक अर्थ रोड गाढ़कर, उसमें पानी डालना) बनाकर अर्थिङ्ग का उपयोग करना चाहिए ।

1 – अ – कार्य शुरू करने से पहले अर्थ रोड को पहले अर्थ करते हैं और उसके बाद लाइन व उपकरण को डिरचार्ज करते हैं और कार्य उपरांत/बाद में पहले अर्थ रोड को लाइन/उपकरण से हटाते हैं और बाद में अर्थिंग पॉइंट से निकालते हैं ।

1. लाइन को अर्थ रोड से डिस्चार्ज करते समय रबड़ दस्तानों का प्रयोग जरूर करें ।
2. एलटी लाइन पर काम करते समय पहले न्यूट्रल को और बाद में फेस को डिस्चार्ज करें । इसके बाद डिस्चार्ज रोड को पहले अर्थिंग से बांध दें और बाद में एक - एक करके फेज को डिस्चार्ज करें ।
3. लाइन का काम शुरू करने से एक पोल पहले डिस्चार्ज कर लेनी चाहिए । इसके बाद अगले पोल पर भी काम शुरू करें ।
4. जब तक काम खत्म न हो जाए डिस्चार्ज रोड को लाइन पर रखें रहें।
5. काम पूरा करने के बाद और पोल से उतरने से पहले डिस्चार्ज रोड को उतार दें । ऐसा करते समय पहले दस्ताने उतारे । सभी रोडों को उतारने के बाद अर्थिंग हटा दें ।
6. इसके बाद अगर देखें कि कुछ काम तब भी बचा है या लाइन पर कोई टी एंड पी आदि रह गई है, तो लाइन पर तब तक न चढ़े जब तक लाइन को फिर से डिस्चार्ज नहीं किया जाता । अक्सर देखा गया है कि ऐसीहालत में क्षण मात्र में दुर्घटना हो जाती है । इसलिए खतरा न उठाएँ और जल्दबाज़ी न करें । डिस्चार्ज रोड का कोई विकल्प नहीं है ।

डिस्चार्ज रोड निम्नलिखित प्रकार की दुर्घटनाओं से हमारा बचाव करता हैं- -

1. - उपभोक्ता अपना जेनरेटर सेट स्टार्ट कर सकता है ।
2. कोई शरारती व्यक्ति अनजाने ही लाइन में बिजली छोड़ सकता है ।
3. शट-डाउन के अंतर्गत आने वाले क्षेत्र की लाइन में किसी अन्य स्रोत से बिजली आ सकती है ।
4. अगर लाइन क्रासिंग पर गार्डिंग नहीं लगाई गई है तो पावर स्विंग के चलते लाइन चार्ज हो सकती है ।
5. लाइन क्लियर परमिट तो दिया गया है ,लेकिन लाइन खोलना/काटना भूल गए ।
6. आपरेटर भूल सकता है कि लाइन का परमिट दिया गया है और वह टेस्टिंग आदि के लिए लाइन चार्ज कर सकता है ।
7. आपरेटर को लाइन फीडिंग की स्थिति का पता ही न हो, क्योकि वह लंबी छुट्टी आदि से लौटा है ।
8. डिस्चार्ज रोड का इस्तेमाल अन्य प्रकार की दुर्घटनाओं से भी बचाव करता है ।

जब तक अर्थ वायर या न्यूट्रल डिस्चार्ज न की गई हो, तब तक उसे चार्ज समझना चाहिए । लाइन के स्टेटिक चार्ज, इंडकशन अथवा फाल्ट करेंट के कारण चार्ज हो जाने की संभावना है । इसलिए लाइन पर काम शुरू करने से पहले उसे डिस्चार्ज कर लें ।

डिस्चार्ज रोड का रखरखाव –

1. डिस्चार्ज रोड को कभी भीगी हालत में न रखें ।
2. सुनिश्चित करें कि डिस्चार्ज रोड के सभी सभी तार ठीक ठाक हैं ।
3. डिस्चार्ज रोड के हुक पर जमा कार्बन नियमित रूप से साफ करते रहना चाहिए ।
4. तारों की निरंतरता (कंटयूनिटी) को नियमित रूप से टेस्ट करते रहें ।

सावधानी - -

1 – अर्थिंग तार के लगाते समय यह ध्यान रखना चाहिए कि डिस्चार्ज रोड का हुक कॉपर वायर अपने शरीर से 3 से 4 फीट (लगभग एक मीटर) दूर हो ।

2- अर्थिंग रोड का इस्तेमाल करते समय रबड़ दस्तानों और गम बूट पहना अधिक सुरक्षित है ।

3- अर्थिंग तार की समय -समय पर निरंतता (कंटयूनिटी) चेक करते रहना चाहिए ।

4- डिस्चार्ज रोड पुरानी या टूटी न हो । कॉपर वायर हुक पर नट द्वारा अच्छी तरह से कसा होना चाहिए । कॉपर हुक एवं तार के सिरे साफ रखने चाहिए ।

झूला/सेफ़्टी बेल्ट -

झूला/सेफ़्टी बेल्ट – खंभे/डीपी पर चढ़कर और रुककर दोनों हाथों से से कार्य करना एक अत्यधिक कठिन कार्य है इसके लिए रस्सी (मनीला/नायलॉन) जिसके दोनों सिरे एक लोहे के हुक के गोल वाले हिस्से पर कस दिए जाते है । लाइन कर्मी इसे अपने साथ ऊपर ले जाएँ

। लोहे के हुक को बेक-क्लेम्प के बोल्ट में फंसाकर रस्सी के झूले में स्वयं बैठकर सुरक्षित रहते हुए दोनों हाथों से कार्य कर सकते हैं । वर्तमान समय में झूले के स्थान पर सेफ़्टी बेल्ट का उपयोग अधिक हितकर है क्योंकि यह कमर के ऊपर एवं नीचे के हिस्से का बैलेंस/संतुलन बनाए रखता है ।

कभी - कभी झूला टूट जाता है और कर्मचारी जमीन पर गिर जाता है । इसलिए झूले पर काम करते समय कर्मचारी की कमर में एक रस्सी बांध लेनी चाहिए । चढ़ने से पहले यह सुनिश्चित कर लें कि रस्सी की गांठ टाइट बंधी हुई है । दुर्घटना न हो, इसलिए पोल पर चढ़ने से पहले रस्सी लपेट लें । यह रस्सी अच्छी हालत में हो, अच्छी क्वालिटी की और अच्छे साइज में होनी चाहिए ।

सावधानी – क्रेक हुक एवं कटी हुई रस्सी का झूले में प्रयोग नहीं करना चाहिए ।

हेलमेट (सुरक्षा टोपी) –

हेलमेट (सुरक्षा टोपी) – मनुष्य के लिए जान का खतरा सिर पर लगने वाली चोट से होता है । पूरे शरीर पर कवच पहनना हमारे लिए यों भी न तो सुविधाजनक है न संभव है । किन्तु हमारे अत्यन्त संवेदनशील अंग सिर पर हेलमेट पहनकर हमारे जीवन को बचाया जा सकता है । किसी पोल या डीपी पर काम करते समय भी नट - बोल्ट, क्लैंप या अन्य औज़ार/सामान दुर्घटनावश जमीन पर काम कर रहे श्रमिकों पर गिर सकते हैं । इसलिए नीचे काम करने वाले श्रमिकों/कर्मचारियों को सुरक्षा के लिए हेलमेट पहनना चाहिए ।

रबड़ हेंड ग्लोब्स (रबर दस्ताने) -

मनुष्य का शरीर केवल 70 से 80 वोल्ट तक की विद्युत धारा पर ही सुरक्षित रह सकता है ,इसके ऊपर नहीं । जबकि हमारी प्रणाली में एक फेज पर कम से कम 230 वोल्ट होता है , जो निश्चित रूप से ही प्राणघातक ही है । अत : रबर हेंड ग्लोव्स (दस्ताने)जो कि लगभग 1000 वोल्ट की धारा को रोक सकते हैं , को पहनकर निम्न दाब की चालू लाइनों पर भी बेफिक्री से कार्य किया जा सकता है ।

रबर के दस्ताने मुख्य रूप से दो प्रकार के होते है और इनका प्रयोग क्रमश : एच टी और एल टी लाइनों पर काम करते समय किया जाता है । एल टी लाइन पर काम करने के लिए बने दस्तानों का प्रयोग एच टी लाइनों पर नहीं किया जाना चाहिए ।

निम्नलिखित कार्य करते समय दस्ताने जरूर पहने –

- -एबी स्वीच और आइसोलेटर खोलते और बंद करते समय
- -अर्थिंग के लिए एचटी और एलटी लाइनों तथा उपकरणों पर डिस्चार्ज रोड का प्रयोग करते समय
- -वितरण बॉक्स और पोल का फ्यूज लगाते या निकालते समय
- - ट्रांसफार्मर डीओ और हॉर्न गेप फ्यूज संचालित करते समय
- - ओसीबी/वीसीबी को चालू/बंद (ऑन/ऑफ)करते समय

- एलटी लाइन के कनेक्शन, जमफर, जोड़ने काटने के समय

हाथ के दस्तानों के बारे में बरते जाने वाली सावधानिया –

(अ)- जहां भी जरूरी हो, रबर दस्तानों का प्रयोग अवश्य करें । रबर दस्ताने इस्तेमाल करने से पहले उन्हें उल्टा करके झाड़ लें जिससे उसके अन्दर कोई कीट – पतंग (मक्खी – मच्छर, मधुमक्खी, बर्र, ततैया) या कोई कील, स्क्रू आदि हो तो निकल जाए और पहनते समय किसी प्रकार की असुविधा न हो ।

(आ) - दस्तानों को मोड़े नहीं और उन्हें अन्य सामाग्री के साथ भंडारित न करें ।

(इ) - दस्तानों के अंदर कोई औज़ार न रखें ।

(ई) - हमेशा दस्तानों को साफ और सूखा रखें । उनके अंदर और बाहर बोरिक एसिड पाउडर लगा दें ।

(उ) - दस्तानों को वर्मिन प्रूफिंग (कीट - पतंग से रहित) करने के लिए गैमक्सीन पाउडर का प्रयोग करें ।

(ऊ) - पहनने से पहले ध्यान से देख लें कि दस्तानों में कहीं कोई लीकेज न हो और वह कटा न हो ।

सीढ़ी (लेडर) -

सीढ़ी(लेडर) –

सीढ़ियाँ सामान्यत: 3 प्रकार की होती हैं – सीधी सीढ़ी, विस्तार (एक्स्टेंसिबिल) सीढ़ी और स्टेप लैडर

निर्माण - सूखे ठोस बाँसों से निर्मित, एलुमिनियम अथवा फाइबर ग्लास से निर्मित सीढ़ियां जिनके सिरों पर प्रतिरोधक (इंसुलेशन)हो, का उपयोग करते हुए पोल, डीपी (डबल पोल) और अन्य उपकरणों ,सब स्टेशन की बस - बार पर चढ़ने का एक सुरक्षित तरीका है ।

ठोस बांस सीढ़ी – इनको बनाए रखने, सीमित सेवाकाल, लाने ले जाने में टूटने के कारण से कम उपयोग होता है । परन्तु चालू लाइनों पर कार्य करते समय बांस की सीढ़ी ही उपयोग करते हैं ।

एल्यूमिनियम सीढ़ी – यह वजन हल्की तथा रख - रखाव में असुविधा नहीं होती है, कर्मचारी के वजन के मुताबिक मजबूत, टूटने से पहले मुड़ जाती है । अच्छी सामान्य सेवा सीढ़ी है परन्तु जब तक कि ऊष्मा या विद्युत से सम्पर्क की प्रत्याशा न हो ।

फाइबर ग्लास – यह मजबूत एवं टिकाऊ होती है, ऊष्मा एवं विद्युत के प्रति अपेक्षाकृत स्थिर, अच्छी सामान्य सेवा सीढ़ी परन्तु थोड़ी - बहुत भारी होती है ।

सभी स्पष्ट सरलता के साथ सीढ़ियों के उपयोग के साथ जो मुख्य खतरे रहते हैं - वे हैं – गिरना (एकाएक नीचे आकर रुकना)

इलेक्ट्रिकल खतरे – बिजली के झटके से मृत्यु, झटके (अक्सर नीचे गिरने में परिणत होते हैं)

उपयोग – सीढ़ी को लगाने का सही तरीका इसे ऊंचाई के प्रत्येक 4 मीटर हेतु लगभग 1 मीटर दूर रखना चाहिए अर्थात 75 डिग्री कोण पर जमीन से, तथा पैर रखने के उचित स्थान के उचित स्थान को मुहैया करने के लिए उसके पीछे पर्याप्त स्थान होना चाहिए ।

सुरक्षा - सीढ़ी प्रयोग के समय -

(अ) - हमेशा पोल पर चढ़ने के लिए बांस की सीढ़ी का प्रयोग करें ।

(आ) - सीढ़ी पर वार्निश लगी होनी चाहिए ताकि वह वर्षा/पानी से से सुरक्षित रहे । सीढ़ी पर कभी मेटेलिक कलर नहीं लगाना चाहिए ।

(इ) - मेटेलिक/धातु की बनी सीढ़ी का इस्तेमाल तब तक न करे जब तक उसकी इजाजत न हो । केवल बंद लाइन अथवा उपकरण पर ही सीढ़ी का प्रयोग तभी करे जब उसके आसपास भी कोई चालू लाइन न हो, जिससे सीढ़ी गिरने की स्थिति में चालू लाइन के संपर्क में न आए ।

(ई) - सीढ़ी पर एक समय पर सिर्फ एक व्यक्ति को चढ़ना चाहिए ।

(उ) - क्षतिग्रस्त, पुरानी सीढ़ी का उपयोग नहीं करना चाहिए ।

(ऊ) - विद्युत लाइनों के निकट कार्य करते समय धातु अथवा गीली सीढ़ियों का उपयोग न करें ।

(ए) - कभी भी सीढ़ी के ऊपर के तीह डंडों पर खड़े न हों, इन पर से सन्तुलन खो देना तथा गिरने की सम्भावना अधिक होती है ।

(ऐ) - कभी भी सीढ़ी को ऊर्ध्वाकार/लम्बवत/खड़े स्थिति में न ले जायें।

(ऋ) - सीढ़ी से कभी न कूदें और यह सुनिश्चित करे कि सीढ़ियों को तेल, ग्रीस तथा फिसलने कर सक्ने वाले अन्य संदूषकों से दूर रखा जाए ।

गम बूट -

गम बूट –

अप्रत्याशित रूप से यदि लाइन में करेंट है तो भी लाइन के संपर्क में आने से सदैव विद्युत आघात का खतरा बना रहता है। अतएव गम बूट ऐसी परिस्थितियों में अर्थ से इंसुलेशन प्रदान कर प्राण रक्षा करता है। इसके अलावा कार्यक्षेत्र में भूमि पर पड़े नुकीले पत्थरों, तार के टुकड़ों, जहरीले जीव - जंतुओं के काटने आदि से गम बूट पैरों की रक्षा करता है। गम बूट भी 100 बोल्ट तक करेंट सहन करने में सक्षम होता है।

सावधानी – गम बूट फटा एवं गीला नहीं होना चाहिए।

विशेष अनुरोध – कोई भी कर्मचारी अपने कार्य करने के समय चप्पल, स्लीपर, सेंडल आदि का उपयोग न करें, इनके पहने हुए कहीं भी पैर के उलझने/ठोकर लगने की सम्भावनाएँ अधिक होती हैं।

टॉर्च -

टॉर्च का उपयोग रात में और दिन में ऐसे स्थान जहां उजाला/प्रकाश अपर्याप्त है, सुरक्षित तरीके से करना चाहिए। रात में पोल के ऊपर कार्य करने के लिए नीचे से टॉर्च द्वारा प्रकाश ऊपर दिखाया जाता है। इसके लिए ध्यान रखना चाहिए कि सेल ठीक हों, रोशनी का फोकस ठीक से बन रहा हो। टॉर्च मेटेलिक बॉडी की न हो, प्लास्टिक बॉडी की टॉर्च ही इस्तेमाल करना चाहिए।

बेल्डिंग गोगल (चश्मा) -

बेल्डिंग गोगल(चश्मा) –

बेल्डिंग का काम करते समय कर्मचारी को आखों की सुरक्षा के लिए बेल्डिंग गोगल पहनना चाहिए।

टेस्टर -

टेस्टर -

(अ)- नियोन टेस्टर - पेन के आकार का छोटा सा उपकरण जिसके एक सिरे को निम्न दाब लाइन के तारों/चालकों से स्पर्श कराने पर तथा ऊपरी सिरों पर उंगली से अर्थ देने पर नियोन बल्व के माध्यम से विद्युत धारा (करेंट) की उपस्थिति दर्शाता है। लाइन के तारों को हाथों से छूने से पूर्व टेस्टर से चेक कर लेने से हमारी सुरक्षा है। नियोन टेस्टर की क्षमता निम्न दाब तक ही सीमित है।

(आ) - इलेक्ट्रोनिक फेज टेस्टर– उपरोक्त वर्णित नियोन टेस्टर बहुत पुराना उपकरण है। जिसकी परीक्षण क्षमता केवल निम्न दाब अर्थात अधिकतम 250 वोल्ट तक सीमित है। वर्तमान में बाजार में लगभग इसी प्रकार का उपकरण उपलब्ध है जिसे इलेक्ट्रोनिक फेज टेस्टर का नाम दिया गया है। इस उपकरण को निम्न दाब लाइन के चालक (कंडक्टर) से स्पर्श कराने की आवश्यकता नहीं है। इंसुलेटिड वायर के ऊपर रखकर भी करेंट की उपस्थिति जानी जा सकती है। इतना ही नहीं इसे लेकर शिरोपरि (ओवरहेड), उच्च दाब (33 केवी, 11 केवी) लाइनों के नीचे खड़े होजाने मात्र से यदि लाइन चालू हो तो यह ब्लिकिंग के साथ बीप - बीप की आवाज देने लगता है। अतः इसका उपयोग करके न केवल निम्न दाब बल्कि उच्च दाब लाइनों से भी कर्मचारी की प्राण रक्षा हो सकती है।

इन्सुलेटिड कन्टिंग प्लायर एवं – इन्सुलेटिड स्क्रू ड्रायवर -

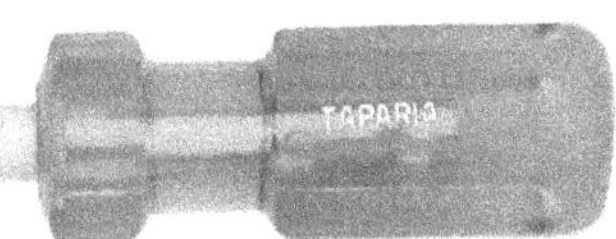

इन्सुलेटिड कटिंग प्लायर एवं इन्सुलेटिड स्क्रू ड्रायवर –

प्लायर का उपयोग निम्न दाब लाइनों के तारों को छीलने, काटने एवं दो तारों के सिरों को मजबूती से जोड़ने के किया जाता है। स्क्रू ड्रायवर फ़लक से एक इंच ऊपर तक इंसुलेटिड होना चाहिए। इन उपकरणों को साफ रखना चाहिए तथा प्लायर के घूमने वाले हिस्सों में ग्रीस या क्रीम युक्त कर देना चाहिए। इन्हें जमीन में न पड़ने देना चाहिए, क्योंकि उनमें जंग लग सकती है। इसके उपयोग में कठिनाई पैदा होगी।

पोलों पर कार्य करते समय कई कर्मचारियों को ऊपर से सामान फेंकने की आदत होती है। इसके फलस्वरूप उपकरण खराव हो जाते है, टूट जाते है, तथा काम करते समय दुर्घटनाओं का कारण बनते हैं और ऊपर से औज़ार फेंकने पर नीचे कम करने वाले लोगों कों चोट लग सकती है।

ऑपरेटिंग रोड -

ऑपरेटिंग रोड –

ऑपरेटिंग रोड का उपयोग डिस्कनेक्टिंग स्विच, ट्रांसफार्मर डीओ (ड्रॉप आउट) फ्यूज को लगाते समय या निकालते समय तथा डिस्कनेक्टिंग स्विच की लीड से चेतावनी नोटिस निकालने या लगाने में किया जाता है।

ऑपरेटिंग रोड को जहां तक संभव हो हमेशा सूखा रखना चाहिए औ जब उपयोग में न हो तो कवर के अंदर रखना चाहिए। इसे जमीन पर गिराना या छोड़ना छोड़ना नहीं चाहिए।

उपकेंद्र नियंत्रण कक्ष (कंट्रोल रूम) में इंसुलेटिड रबड़ मेटिंग – नियंत्रण कक्ष (कंट्रोल रूम) के फर्श पर इंसुलेटिड रबड़ मेटिंग बिछाई जानी चाहिए, जिससे किसी प्रकार का इलेक्ट्रिक शॉक न लगे।

9

सुरक्षा जोन (सेफ़्टी जोन) बनाना -

सुरक्षा जोन (सेफ़्टी जोन) बनाना –

33 केवी एवं 11 केवी लाइन जिस पर कार्य करना हो, सब स्टेशन (उप - केंद्र) से ही लिखित परमिट लेवें ।

11 केवी लाइन सब स्टेशन से ओसीबी या वीसीबी से बंद की गई हो तो उसको दोनों ओर के एवी स्वीच डायरेक्ट हो तो लाइन बंद कराकर डिस्चार्ज कर एबी स्वीच की डायरेक्ट की गई वाईडिंग अलग कर एबी स्वीच खोलें ।

बंद किए गए ओसीबी या वीसीबी और एबी स्वीच पर ऑपरेटर से तख्ती लगवायें जिस पर लिखा हो कि 'लाइन परमिट पर है, चालू न करें' ।

डिस्चार्ज रोड में लगे तार को अर्थिंग रोड से एक - एक फेज पर टाँगकर लाइन डिस्चार्ज करें । ध्यान रहे कि डिस्चार्ज रोड का तार आपसे 3 से 4 फुट के दूरी पर रहे ।

लाइन डिस्चार्ज करने के बाद के बाद लाइन के तारों को आपस में कंडक्टर की सहायता से शॉर्ट कर देवें एवं डिस्चार्ज रोड भी उपरोक्त शॉर्ट पर लटाकर रखें ।

हमेशा दो डिस्चार्ज रोडों का प्रयोग करें । प्रत्येक रोड प्रत्येक क्षेत्र पर खंभे के दोनों ओर टांगें ।

10

अर्थिंग –

निम्न दाब वाली लाइन विद्युत लाइन को साधारणतः 6 एसडब्ल्यूजी से लेकर 8 एसडब्ल्यूजी के गेल्वोनाइज्ड लोहे के तार से अर्थिङ्ग किया जाता है। अर्थ का प्रतिरोध कम से कम होना चाहिए तथा पाँच ओम्स से अधिक नहीं होना चाहिए। एलटी लाइन के प्रत्येक पांचवे खंभे तथा इसके क्रॉस आर्म, इंसुलेटर का पिन का पिन अर्थ होना चाहिए। विशेष रूप से खंभा, जिस पर स्वीच, फ्यूज आदि लगें हो, अर्थ होना चाहिए। सभी सपोर्ट्स/पोल (धातु, लकड़ी, कांक्रीट) को जो आबादी वाले इलाके, सड़क, रेलवे लाइन, टेलीफोन लाइन, तथा अन्य इसी तरह के जगहों से गुजरते हों, भू - योजित (अर्थ) कर देना चाहिए। खंभों को पाइप द्वारा अर्थिंग करना बेहतर है। अर्थ तार को अक्सर लोग काटकर ले जाते हैं, अतः इसकी समय - समय पर जांच करते रहना चाहिए।

11 केव्ही और उच्च दाब वाली लाइनों में प्रत्येक खंभे तथा क्रॉस आर्म, इंसुलेटर का पिन अर्थ होना चाहिए।

अस्थायी अर्थिङ्ग –

किसी भी संस्थापन के रिपेयर अथवा निर्माण के दौरान कर्मचारियों और जानमाल की सुरक्षा हेतु कार्यस्थल पर अस्थाई अर्थिङ्ग की जाती है।

अर्थिङ्ग उपकरण अनुमोदित होना चाहिए। इंसुलेटिड स्टिक (डिस्चार्ज रोड) लंबी होना चाहिए, जिससे कर्मचारी नीचे से आसानी से लगा सके और उसका हाथ चालू लाइन से दूर रहे। इंसुलेटिड डंडे में लगने वाला क्लेम्प सही डिजाइन का होना चाहिए, जिससे अर्थ की जाने वाली लाइन के कंडक्टर में ठीक से लग जायें। प्रत्येक लाइन क्लेम्प को फ्लेक्सिबल कापर अर्थिंग लीडको अर्थ क्लेम्प या अन्य उपकरण जिसे अस्थायी स्पाइक या स्ट्रक्चर में लगाना हो, जोड़ते हैं।

सभी अर्थिंग जम्पर एल्यूमिनियम कंडक्टर के समतुल्य खुले और स्ट्रेण्डेर्ड कापर के होने चाहिए। सब - स्टेशन और लाइन के काम में लाई जाने वाली अर्थिङ्ग लीड कम से कम 0.645 वर्ग सेंटी मीटर (0.1 वर्ग इंच) व्यास की होनी चाहिए।

अर्थिंग कनेकशन के तार में किसी प्रकार का जोड़ नहीं होना चाहिए।

अस्थायी अर्थिंग हेतु उपयोग में लाये जाने वाले इलेक्ट्रोड आयरन के होने चाहिए जो 1.9 सेंटीमीटर (3/4") और 1.52 मीटर (5 फीट) लंबे होने चाहिए। इन इलेक्ट्रोड को कम से कम 3 फीट तक ऐसी जमीन में गाड़ना चाहिए, जिससे अच्छा अर्थ मिले। इलेक्ट्रोड में जंग या पोलिश आदि नहीं लगाना चाहिए।

अस्थाई या स्थाई किसी भी प्रकार की अर्थिङ्ग के लिए चेन का उपयोग नहीं करना चाहिए।

सभी अर्थिंग उपकरणों को काम के पहले प्रत्येक बार कंटिन्युटी अच्छी तरह से जाँचना चाहिए।

अस्थाई अर्थिंग कनेशन के वक्त सामान्य सावधानियाँ –

किसी भी उपकरण या लाइन की अर्थिंग तब तक नहीं करनी चाहिए, जब तक कि यह सुनिश्चित न हो जाए कि उपकरण लाइन विद्युत स्त्रोत से काट दिए गए हैं।

सक्षम कर्मचारी द्वारा ही लाइन या उपकरण में अर्थिंग लगाना या निकालना चाहिए।

अर्थिंग लीड को पहले अर्थ सिस्टम में, उसके बाद लाइन कंडक्टर में लगाना चाहिए।

अर्थिंग लीड को किसी ऐसे कम्पार्टमेंट में नहीं लगाना चाहिए जहां खुले हुए तार हों।

जिस स्थान पर कार्य करना हो, उसके दोनों ओर अर्थ करना चाहिए।

अंडर ग्राउंड केबिल में कार्य करने से पहले सप्लाई बंद करना चाहिए तथा डिस्चार्ज करने के बाद ही अर्थ करना चाहिए। डिस्चार्ज करने के लिए अर्थ वायर का उपयोग करना चाहिए और उसे हर बार प्रत्येक टर्मिनल से संपर्क कराना चाहिए।

अर्थिंग लीड को हटाते समय पहले लाइन के तार से हटाना चाहिए, बाद में अर्थ सिस्टम से अर्थात कनेक्शन के दौरान जो प्रक्रिया अपनाई जाती है। उसका उल्टा डिस्कनेक्शन के दौरान करना चाहिए।

बंद लाइन पर प्रत्येक कार्य दो अस्थायी अर्थ सेट के बीच में करना चाहिए।

अर्थ कभी नंगे हाथ से नहीं लगाना या निकालना चाहिए। इसके लिए रबर हेंड ग्लोव्स/दस्ताने का इस्तेमाल करना चाहिए।

पोल या स्ट्रक्चर पर अर्थ लगाते समय आदमी को उस कंडक्टर के नीचे नहीं रहना चाहिए, जिसे अर्थ कर रहे हैं, जिससे किसी भी प्रकार की चिंगारी आदि से बचे रहें।

कर्मचारियों को अर्थ - वायर से दूर रहना चाहिए।

कार्य के दौरान किसी भी अस्थाई अर्थिंग को नहीं हटाना चाहिए।

जिस तार से अर्थिंग हटा ली गई है, उसे कर्मचारी को नहीं छूना चाहिए।

एक कंडक्टर अर्थ करने से दूसरे कंडक्टर को कार्य करने के लिए सुरक्षित नहीं समझना चाहिए। यदि एक फेज पर कार्य कर रहे हो, तब भी सभी फेज को अर्थ करना चाहिए।

सभी को यह ध्यान रखना चाहिए कि अर्थिंग तार एक सुरक्षित साधन होता है, किसी यंत्र या वायरिंग में खराबी होने पर बिजली एकत्रित होकर उसमें से प्रवाहित होती है। उसे छूने पर वह मनुष्य के शरीर में से होकर धरती/जमीन में चली जाती है, जिससे झटका लगता है और मृत्यु भी संभव है। यदि उसी यंत्र का अर्थिंग ठीक से होगा तो अनियंत्रित विद्युत उसके सहारे धरती/जमीन में चली जायेगी और खतरा टल जायेगा।

अर्थ टेस्टर और अर्थ रजिस्टेंस -

अर्थ टेस्टर का इस्तेमाल/उपयोग अर्थ रजिस्टेंस नापने के लिए किया जाता है। अगर अर्थ रजिस्टेंस ज्यादा होता है तो इसके सुधार के लिए उपाय करने पड़ते हैं।

अर्थ रजिस्टेंस –

क – अर्थ रजिस्टेंस निम्नलिखित बातों पर निर्भर करता है –

1. मिट्टी का प्रकार
2. जमीन/धरती का तापमान
3. मिट्टी में नमी
4. मिट्टी में खनिज
5. जमीन/धरती में इलेक्ट्रोड की लंबाई
6. इलेक्ट्रोड की शक्ल और आकार
7. दो इलेक्ट्रोड के बीच की दूरी
8. इलेक्ट्रोडो की संख्या
9. अर्थिङ्ग कितनी पुरानी है

ख – अधिकतम अर्थ रजिस्टेंस जिसकी अनुमति है –

1. बड़े बिजली घर/पावर हाउस 0.5 ओहम
2. बड़े सब स्टेशन/उप - केंद्र 1.0 ओहम
3. छोटे सब स्टेशन/उप - केंद्र 2.0 ओहम
4. न्यूट्रल बुसिंग 2.0 ओहम
5. सर्विस कनेक्शन 4.0 ओहम
6. एलटी लाइटनिग अरेस्टर 4.0 ओहम
7. एलटी पोल 5.0 ओहम
8. एचटी पोल 10.0 ओहम
9. टावर 20 से 30 ओहम

अगर अर्थ रजिस्टेंस ऊपर दिये गये मूल्य/मानक से ज्यादा है तो उसे कम करने के लिए निम्नलिखित उपाय किये जाने चाहिए –

1. जोइंट्स पर ओक्सीडेशन हटा दें और जोड़ों को कस दें
2. अर्थ इलेक्ट्रोड पर काफी पानी डालें/उड़ेल दें

3. जहां तक हो सके, बड़े साइज का अर्थ इलेक्ट्रोड इस्तेमाल करें
4. इलेक्ट्रोडों को समानान्तर कनेक्ट/जोड़ना चाहिए
5. ज्यादा गहराई और चौड़ाई व ऊंचाई वाला अर्थ पिट/गड्डा बनाएँ
6. अर्थ पिट/गड्डे में अर्थ पाउडर (बेंटोनाइड) मिट्टी में मिलाना चाहिए
7. यदि उपकेंद्र पर खराब भूमि है तो वहां के पिट/गड्डे की मिट्टी बदल दें उसकी जगह ब्लेक कॉटन सॉइल (काली मिट्टी) का प्रयोग करें
8. बोर अर्थिङ्ग करके भी सुधार किया जा सकता है ।

11

लाइन टेपिंग पर संधारण कार्य करने के दौरान बरती जाने वाली सुरक्षा सावधानियाँ -

लाइन टेपिंग पर संधारण कार्य करने के दौरान बरती जाने वाली सुरक्षा सावधानियाँ –

उपभोक्ता संतोषण की दृष्टि से आवश्यक है कि उपकेंद्र से निर्मित फीडरों की टेपिंग लाइन पर यदि कार्य (व्यवधान संधारण/सुनियोजित संधारण) किया जाना है समस्त फीडर पर शट डाउन न लिया जाए ताकि कम से कम उपभोक्ता शट डाउन से प्रभावित हों परंतु इस कार्य पद्धति से कर्मचारियों को अतिरिक्त सावधानियाँ बरतने की आवश्यकता है जो इस प्रकार हैं : -

1. सर्व प्रथम उक्त फीडर पर (ट्रंक लाइन) संबन्धित उपकेंद्र से विधिवत (पूर्व में बताए अनुसार) परमिट लें ।
2. परमिट की पुष्टि होने के उपरांत टेपिंग का एबी स्वीच काटें । एबी स्वीच का ऑपरेशन सदैव रबर हेंड ग्लोब्ज/दस्ताने पहनकर ही करना चाहिए एवं एबी स्वीच हेंडल अर्थ होना चाहिए । एबी स्वीच ओपरेट करने के पश्चात अपनी आखों से चेक करें कि एबी स्वीच के मेल – फ़ीमेल कांटेक्ट अलग - अलग हुए हैं या नहीं ।
3. इसके उपरांत डिस्चार्ज रोड से टेपिंग लाइन डिस्चार्ज (पूर्व के बताए अनुसार) करें एवं एबी स्वीच पर ताला लगा दें । साथ ही एबी स्वीच से टेपिंग लाइन के अगले पोल पर तीनों फेजों को शॉर्ट कर ग्राउंड/अर्थ कर दें । (एबी स्वीच पर बर्ड/पक्षी फाल्ट के दृष्टिकोण से)
4. इसके पश्चात उपकेंद्र पर ट्रंक लाइन पर परमिट निरस्त कराया जा सकता है । इस समय उप केन्द्र ऑपरेटर को भी सचेत रहने की आवश्यकता है । पेनलों/फीडरों पर तख्ती लगाई जा सकती है – "ट्रंक फीडर ऑन (चालू), टेपिंग फीडर शट डाउन (बंद)"
5. उक्त एबी स्वीच पर किसी कर्मचारी को तैनात कर बाकी कर्मचारी उक्त टेपिंग पर कार्य करने जावें तथा उक्त टेपिंग पर किसी भी कार्य को करने से पूर्व सेफ़्टी जोन का निर्माण अवश्य करें ।
6. कार्य समाप्त होने के उपरांत उपकेंद्र से पुनः परमिट प्राप्त करें । परमिट की पुष्टि होने के उपरांत एबी स्वीच जोड़ने के पूर्व यह सुनिश्चित करलें कि समस्त सेफ़्टी जोन की अर्थिंग हटा ली गई है । इस प्रकार कार्य उपरांत परमिट निरस्त किया जाना चाहिए ।

सुरक्षा की दृष्टि से आवश्यक है कि यदि किसी फीडर की ट्रंक लाइन या टेपिंग लाइन किसी अन्य फीडर से क्रॉस होती है तो कार्य निष्पादन के पूर्व उक्त क्रासिंग फीडर का भी परमिट लेना चाहिए ।

12

चालू एलटी लाइन पर फ्यूज ऑफ काल (बिजली शिकायत) करते समय की जाने वाली सुरक्षा सावधानियाँ -

चालू एलटी लाइन पर फ्यूज ऑफ काल (बिजली शिकायत) करते समय
की जाने वाली सुरक्षा सावधानियाँ –

1. सर्व प्रथम फ्यूज ऑफ काल प्राप्त होने पर उपभोक्ता (कंज़्यूमर) के निवास पर जाकर जहां मीटर लगा है, देखना चाहिए तथा टेस्ट लैम्प या टेस्टर से टेस्ट करके विद्युत सप्लाई (आपूर्ति) मीटर के पास है या नहीं, निश्चित करने के बाद यदि मीटर में सप्लाई नहीं आ रही तो विद्युत खम्भे, जहां से सर्विस लाइन आ रही है, देखना चाहिए ।
2. एलटी लाइन की चालू लाइन के खम्भे पर पहले नीचे खड़े होकर सावधानी से ऊपर तारों का निरीक्षण करना चाहिए । फिर अपने सेफ़्टी बैग को कंधे में टांग कर चढ़ने के पूर्व निश्चित कर लें कि बैग में रबर हेंड ग्लोब, इंसुलेटिड कटिंग प्लायर, सेफ़्टी झूला/बेल्ट, इन्सुलेटिड स्क्रू ड्रायवर और टेस्ट लैम्प रखा है ।
3. सीढ़ी की मदद से पोल पर चढें तथा साथी कर्मचारी को सीढ़ी पकड़कर रखने के लिए कहें जिससे सीढ़ी स्लिप न हो ।
4. एलटी लाइन, जिस पर कार्य करना हो, की सप्लाई सब - स्टेशन से बंद करें एवं कर्मचारी बैठायें । मेन स्विच या कट - आउट के ग्रिप अपने पास रख लें ।
5. जिस लोकेशन पर एलटी की डबल सप्लाई हो तो वहाँ पर दोनों ट्रांसफार्मरों की सप्लाई बंद करके दोनों जगह अलग - अलग कर्मचारी बैठायें, साथ ही दो तरफ की सप्लाई डिस्चार्ज करें । जहां काम करना हो उसके दोनों तरफ एक - एक मीटर दूर डिस्चार्ज रोड टाँगकर रखें जिसके तार का एक सिरा अर्थ से जुड़ा हो ।
6. ध्यान से देखलें कि सर्विस तार के सिरा फेज वायर एवं न्यूट्रल पर लगे हैं या निकालें हैं ।
7. रबर हेंड ग्लब्ज/दस्ताने पहनकर ही कार्य शुरू करें । साथ में इंसुलेटिड प्लायर का ही उपयोग करें ।
8. सर्विस वायर का यदि फेज या न्यूट्रल तार ढीला है, तो हेंड ग्लब्ज पहनकर प्लायर से ही कसे ।
9. सर्विस तार, जिस पर सुधार कार्य कर रहें हैं तथा खम्भे पर के अन्य सर्विस तार/लूप से दूरी बनाये रखें, उन्हें बिना हेंड ग्लब्ज पहने न छूयें ।
10. यदि सर्विस वायर का फेज या न्यूट्रल का तार खम्भे पर टूट गया है, तो पहले फेज वाले सर्विस तार को अलग कर लें फिर न्यूट्रल तार को भी एलटी लाइन के तार से अलग कर लें और चालू लाइन से दूर रखकर कटिंग प्लायर से इंसुलेशन छीलकर ही पहले न्यूट्रल सर्विस तार को लाइन के तार में लपेटें, फिर फेज तार को लपेटें ।
11. सर्विस वायर को विद्युत लाइन के तारों में बने डी लूप में ही लगावें ।

13

33/11 केवी विद्युत उपकेन्द्रों में कार्य करते समय ली जाने वाली सुरक्षा सावधानियाँ -

33/11 केवी विद्युत उपकेन्द्रों में कार्य करते समय ली जाने वाली सुरक्षा सावधानियाँ –

33/11 केवी विद्युत उपकेन्द्रों पर एक कर्मचारी पदस्थ रहता है, प्रत्येक 33/11 केवी विद्युत उपकेन्द्रों पर लाइन तथा उपकरणों पर कार्य करने वाले अधिकृत कर्मचारियों की सूची उपलब्ध रहना चाहिए।

1. कम से कम 6 नंबर डिस्चार्ज रोड सब - स्टेशन पर होना चाहिए। सुरक्षा उपकरण पूर्व में दर्शाये अनुसार होना चाहिए, एबी स्वीच/आईसोलेटर पर ताले लगे होने चाहिए
2. लाइन पर कर्मचारी कार्य कर रहे हैं, सूचना पट्टी होना चाहिए, जिन्हें परमिट जारी करने के बाद उस पर फीडर के पैनल तथा एबी स्वीच हैंडिल पर लगाना चाहिए।
3. विद्युत उपकरण की नेम प्लेट में दर्शाये सिंगल लाइन डायग्राम को ध्यान में रखकर कार्य करें।
4. विद्युत उपकेंद्र प्रतिबंधित क्षेत्र है ,इसमें किसी भी बाहरी व्यक्ति को प्रवेश नहीं देना चाहिए। यार्ड में छतरी/छाता, छड़ी आदि नहीं ले जाना चाहिए।
5. विद्युत उपकरण के सभी ब्रेकर कार्य करना चाहिए।
6. यार्ड में प्रकाश व्यवस्था समुचित होना चाहिए।
7. एबी स्वीच, आईसोलेटर के हैंडल अर्थ होना चाहिए।
8. एबी स्वीच लगाते तथा खोलते समय दस्तानों का उपयोग होना चाहिए।
9. किसी भी स्ट्रक्चर/खम्भे पर चढ़ने से पूर्व जमीन से ही लाइन बंद है, ऐसी स्थिति सुनिश्चित कर लें फिर उस पर कोई कीड़े/सर्प/छिपकली या अन्य विषैले जीव तो नहीं बैठे हैं, आखों से अच्छी तरह देखकर ही चढ़े। मधुमक्खी/बर्र के छत्ते तो ऊपर नहीं लगे ये भी देख लें तभी चढ़ें।

14

निर्माण के दौरान सामग्री के परिवहन, ढुलाई, भंडारण के लिए सुरक्षा सावधानी -

निर्माण के दौरान सामग्री के परिवहन, ढुलाई, भंडारण के लिए सुरक्षा सावधानी –

सामग्री का परिवहन –

1. जब खंभों को लोड किया जा रहा हो, तब कर्मचारी, वाहन तथा खंभे के बीच कभी खड़े न हों। कोई भी व्यक्ति निम्नलिखित लोड के नीचे न खड़े हो और न ही गुजरें।
2. अगर खंभों की एक चपटे किस्म के ट्रेलर पर लादा जाना है तो उन्हें सफाई से लिटाया जाए तथा कस कर बांधा जाए।
3. खंभों से लदे ट्रेलरों पर कर्मचारी यात्रा न करें।
4. खतरा झंडी (लाल रंग) को खंभों के दोनों सिरों पर लगाया जाए।
5. कर्मचारी, खंभों को अनलोड करते समय अनलोडिंग साइड पर खड़े न हों।
6. ट्रांसफार्मर, वीसीबी आदि जैसे भारी उपकरणों के परिवहन के दौरान उन्हें वाहन के साथ कस कर बांधा जाए तथा फिसलने से रोकने के लिए उपकरणों के तले के दोनों ओर पैकिंग मेटीरियल रख दिया जाए। लोडिंग तथा अनलोडिंग का पर्यवेक्षणएक सक्षम प्राधिकारी द्वारा किया जाए।
7. कोई भी कर्मचारी उपकरणों तथा वाहन के सिरों के बीच खड़ा न हों।
8. बड़े वाहनों को मोड़ते समय या चढ़ाई अथवा उतरते हुए ड्राइविंग में बहुत अधिक सतर्कता बरती जाए तथा कभी भी वाहन को तेज न चलाया जाए। वाहनों की ब्रेकों की विशेष रूप से जांच की जाएगी।
9. ऊंचे उपकरणों का परिवहन करते समय वाहन का संतुलन बनाए रखने के लिए विशेष कर मोड लेते समय, सतर्कता बरती जाए।
10. जब विशेष ऊंचे उपकरणों का परिवहन हो रहा है। यह सुनिश्चित कर लिया जाएगा कि उपकरण की ऊंचाई (उपकरण का उच्चतम हिस्सा) तथा सड़कों पर झूलती पेड़ों की शाखाओं और या अन्य लाइनों के बीच पर्याप्त अंतर है।

सामग्री एवं उपकरण का भंडारण : -

1 - सामग्री एवं उपकरण का भंडारण एक आयोजित आधार हो।

2- भूमि के ऊपर अवलंबन हेतु लकड़ी के खंभे, रेल तथा आरएस ज्वाईस्ट लिटा दिए जायें उनके सिरे पैदल पथ पर न आते हों।

3- ट्रांसफार्मर तथा स्नेहल (चिकनाहट) तेलों का भंडारण स्विच यार्ड तथा अन्य मूल्यवान संपदा से सुरक्षित दूरी पर किया जाए। क्षति से बचाने के लिए टंकी फटने के मामले में तेल के लिए उपयुक्त ड्रेनेज का प्रावधान किया जाए। बैरलों, ड्रमों तथा कनस्तरों का भंडारण अंतिम सिरों पर किया जाए तथा उन्हें लुढ़कने से बचाने के लिए रोक लगाए जाए।

1. - क्षेत्रीय भंडार में सामग्रियों की समुचित स्टेकिंग (क्रम बद्ध तरीके से जमाना) किया जाना चाहिए। भडारण इस प्रकार किया जाना चाहिए कि वाहनों पहुँच अधिकतम अंतिम छोर तक सुनिश्चित हो सके।

5 - विद्युत लाइनों के नीचे सामग्रियों का भंडारण नहीं किया जाना चाहिए ।

15

सामग्री तथा उपकरण का मानवीय प्रहस्तन, ले जाना तथा ढेर लगाना आदि -

सामग्री तथा उपकरण का मानवीय प्रहस्तन, ले जाना तथा ढेर लगाना आदि –

1. जहां पर व्यावहारिक हो, अधिकारी रस्से, जैक्स, रोलर व्हील बेरों तथा रेहड़ी आदि जैसे यांत्रिक साधन उपलब्ध कराएं। भारी सामान के लिए क्रेन का उपयोग करें।
2. कर्मचारियों को हेंडलिंग की सुरक्षित विधि से प्रशिक्षित किया जाए।

वे इनसे बचें –

कमर से उठाना, शीघ्रता एवं झटके से उठाना, एक बेढंग स्थिति या बिना पैर जमाए उठाना, उठाए न जा सकने वाले या अत्यधिक भारी या ऐसा वजन जो देखने में बाधा बने की हेंडलिंग तथा उपयुक्त सुरक्षा वस्त्रों तथा उपकरणों का प्रयोग करके तेज सिरों वाली या जंगकारी सामग्री के वजन की हेंडलिंग।

1. दो या अधिक कामगारों द्वारा भारी वस्तुओं को ऊपर करने या नीचे करने के प्रक्रिया का नियंत्रण एक - समान कार्यवाही सुनिश्चित करने के लिए एक पूर्ण - विश्वत कोड सिगनल द्वारा किया जाए।
2. मनीला तथा सिसल रस्सियों के विभिन्न अमाप के साथ केवल हल्के वजन को ही उठाना चाहिए।

सामग्री तथा उपकरण की यांत्रिक हेंडलिंग - -

1. - उन्नयन/इरेकशन तथा अन्य प्रयोजनों के लिए लटकन चैन, तार की रस्सियों या भार वहाँ करने योग्य पर्याप्त शक्ति की फाइबर रस्सियों से बनी हों।
2. - सभी लटकन रस्सियों में रिंगस, शैक्कल, लिंक, हुक्क या उपयुक्त माप के सुराख उपलब्ध करवाए जाएँ ताकि उन्हें सुरक्षित रूप से बांधा जा सके।

खंभों की हेंडलिंग तथा भंडारण - -

निम्नलिखित सामान्य सावधानियाँ बरती जाएँ –

(क) – पोल हेंडलिंग ओपरेशन में में केवल अनुमोदित पद्धति, यंत्र तथा उपकरण का प्रयोग किया जाए।

(ख) – जब पोल हेंडल कर रहे हों तब त्वचा छूने से बचाने के लिए सावधानी बरती जाए, आँख न मसलने के प्रति विशेष सतर्कता बरतें, हाथों या कमीज की आस्तीन जिन्होने लकड़ी की परिरक्षक औषधि को छू रखा है, के साथ पसीने को न पोंछें। इस प्रकार के कार्य पर नियुक्त कर्मचारी सुरक्षात्मक वस्त्रों की सुरक्षात्मक लेप, चमड़े के दस्ताने आदि का प्रयोग करें।

(ग) - जब पोल को यांत्रिक रूप से हेंडल किया जाता है : -

1. - उन्नयन उपकरण प्रचालक (लिफ्ट ऑपरेटर) इस प्रयोजन के लिए केवल विशेष रूप से नियुक्त कर्मचारियों से ही सिग्नल प्राप्त करें ।

(2) - कर्मचारी एक निलंबत (लटके हुए) वजन के नीचे न खड़े रहें और न ही निकलें ।

(घ) - खंभों का भंडारण प्रत्येक तह में स्लीपर पर रखकर खड़े रूप में किया जाए । प्रत्येक तह को कस कर बांधा जा सकता है ।

16

ट्रकों, ट्रेलरों आदि पर खंम्भों का लदान, परिवहन एवं अनलोडिंग -

ट्रकों, ट्रेलरों आदि पर खंम्भों का लदान, परिवहन एवं अनलोडिंग –

(क) - लदान से पूर्व ट्रेलर के पहियों को कस कर ब्रेक लगा दी जाए या रोक लगा दी जाए।

(ख) - एक खंभे का लदान करते हुए कर्मचारी खंभों के ढेर तथा लदान या परिवहन उपस्कर/उपकरण के बीच में न आए।

(ग) – जब एक खंभे को ढेर से या भूमि से ट्रेलर की ओर लुढ़काया जा रहा हो, तो ऐसा एक रस्से या एक क्रो-बार (सब्बल) के साथ किया जाए।

(घ) - ट्रेलरों पर लदान इस तरीके से किया जाए किकोई भी खतरनाक प्रक्षेपण न हो तथा खंभों के सुरक्षित परिवहन के लिए कस कर बांधा जाए।

(ङ) - ट्रकों तथा ट्रेलरों से खंभों की अनलोडिंग परिस्थितियों और ट्रैफिक स्थिति को देखते हुए निम्नलिखित विधि से की जाए –

(1) - एक बूम, मोबाइल टाइप क्रेन या स्किड के साधन द्वारा।

(2)- भार के एक सिरे खंभों को हिलाकर

(3)- खंभों को रस्सी के साथ नीचा करके केवल वहाँ जहां इस पद्धति की अपेक्षित स्थिति हो।

(च) - जब तार से कसे खंभों को उतारा जा रहा हो तो केवल उसी तह को खोला जाए जिसे उतारना है।

(छ) - जब एक भार से एक खंभे को लुढ़काया जाता है तब उसकी दिशा के नियंत्रण के लिए अवलंबन रस्से का प्रयोग किया जाए।

(ज) - एक ट्रेलर के समूचे लोड का ढेर लगाना वर्जित है।

17

तेल, ग्रीस तथा पेंट का भंडारण - -

तेल, ग्रीस तथा पेंट का भंडारण - -

(1) - जहां पर ज्वलनशील द्रव्यों का भंडारण तथा हेंडलिग होती है वहाँ पर ज्वाला के सभी स्रोतों का निषेध हो । धूम्रपान निषेध की चेतावनी विशिष्ट रूप से प्रदर्शित की जाए ।

(2) - भंडारण तेल, टंकियों तथा बैरलों इत्यादि के निकट ज्वलनशील सामाग्री का ढेर कभी न लगाया जाए ।

(3) - स्थान जहां पर पेंट वार्निश, थिनर आदि का भंडारण या प्रयोग होता है वह पूर्ण रुप से स्वच्छ एवं हवादार हो ।

(4) - नियुक्त ट्रांसफार्मर तेल को ड्रमों में अलग से भंडारित किया जाए तथा इस प्रयोजन के लिए विशेष रूप से निर्दिष्ट एक क्षेत्र जो उप - केंद्र से काफी दूर हो, में रखा जाए ।

(5) - किसी भी परिस्थिति के तहत निर्मुक्त ट्रांसफार्मर तेल का निपटान फैक कर या सीवर या कंडक्टर पाइप जो सीवर में जाती है उढेल कर किया जाए ।

(6) - उप - केंद्र के आस - पास के खुले स्थान में निर्मुक्त ट्रांसफार्मर तेल को फैकना निषेध है

इंसुलेटरों, केबिल ड्रमों आदि की हेंडलिंग - -

(1)- इंसुलेटरों को लकड़ी के क्रेट्रो में रख करके कार्य स्थल पर भेजा जाए ।

(2)- इंसुलेटरों क्रेटोंपर भारी चीजों तथा उपकरणों को न रखा जाए ।

(3) - इंसुलेटर क्रेटों को ट्रक से आदमियों द्वारा उतारा जाए तथा कार्य स्थल पर ले जाया जाए ।

(4)- केबिल ड्रम के साथ - साथ कंडक्टरों को चेन - पुली ब्लॉक या मोबाइल क्रेन की सहायता से लोड या अनलोड किया जाए ।

(5) - कंडक्टर तथा केबिल ड्रमों का भंडारण लकड़ी के स्लीपरों पर किया जाए ।

उत्थापन/खड़ा करना (इरेकशन) कार्य –

1. – रेतीली तथा सिकुड़ने वाली भूमि के खंभों के गड्डों की शटरिंग की जाए तथा इनकी खुदाई इनके उत्थापन/इरेकशन से अधिक पहले न की जाए ।
2. – आबादी वाले क्षेत्रों में गड्डे के दोनों तरफ खाता चेतावनी बोर्ड लगाए जाएं
3. - खंभा उत्थापन/इरेकशन से पूर्व सड़क के किनारों पर खोदे गए गड्डों को दिन का कार्य बंद करने से पूर्व ढका या उपयुक्त रूप से बाढ़ लगा दी जाए ।
4. - खंभों के उत्थापन कार्य के दौरान समुचित दूरी पर ले जाकर क्रो - बार (सब्बल) जैसे अस्थायी एंकरों के साथ बंधे - रस्से से कस कर बांधा जाए तथा रस्सों को एंकरों से कसा जाना है क्योंकि खंभे को उसकी पोजीशन (स्थिति) तक उत्थापित (लगाया) किया जाता है ।
5. - जब खंभों को आम रास्ते पर उत्थापित किया जाना हो तो खतरा बोर्ड आदि द्वारा पर्याप्त सावधानी बरती जाए तथा आम लोगों को खंभों के नीचे से न गुजरने दिया जाए क्योंकि उन्हें उत्थापित किया जा रहा होता है ।
6. - ट्रांसफार्मरों तथा अन्य उपकरणों के उन्नयन तथा उत्थापन में प्रयुक्त की जाने वाली रस्सियों, शैक्कल आदि आदि का निरीक्षण किया जाए तथा प्राधिकृत व्यक्ति अपने आप को पूरी तरह संतुष्ट कर लें कि वजन को हेंडल करने के लिए इनकी यांत्रिक शक्ति ठीक है ।
7. – डीपी संरचना पर ट्रांसफार्मरों का उन्नयन (ओगमेंटेशन - क्षमता वृद्धि) करते समय अतिरिक्त क्लेंप तथा बोल्ट लगा कर सुरक्षा सावधानी बरती जाए ऐसा सुनिश्चित किए जाने की ज़िम्मेदारी उस व्यक्ति की है जो उस कार्य का प्रभारी है ।
8. - किसी विशिष्ट क्षेत्र जो किसी पहले से ही सेवारत किसी अन्य विद्युत लाइन का प्रदाय करते हैं, में कंडक्टरों की कसाई (खिंचाई) करते समय निम्नलिखित सतर्कता बरती जाए –

(क) - सेवारत विद्युत लाइन के लिए लाइन क्लीयर प्राप्त किया जाना होगा तब इसके बाद ही कार्य सुरू किया जाएगा ।

(ख) - अगर लाइन जिसे कसा (खींचा) जाना है पहले से ही सेवारत एक विद्युत लाइन के नीचे से गुजरती है कंडक्टर जो कसा जा रहा है की एंकरिंग के लिए पर्याप्त सावधानी बरती जानी है कि कंडक्टर के ऊपर से एक लोडिड रस्सी को पार किया जाए ताकि कंडक्टर उछल न सके तथा सक्रिय कंडक्टरों के आस - पास न आ जाए ।

क्रॉस आर्म्स एवं इंसुलेटर : -

(1) - क्रॉस आर्म्स उठाने के लिए सदैव हैड लाइन का प्रयोग किया जाए, हैड लाइन को क्रॉस आर्म्स के साथ अच्छी तरह बांधा जाए तथा भूमि से ऊपर उठाने से पूर्व हाथ द्वारा इसका परीक्षण कर लिया जाए ।

(2) - क्रॉस आर्म्स के वास्तविक उन्नयन में कार्यरत सभी कर्मचारी अलग से खड़ें हों । एक समय पर केवल एक ही क्रॉस आर्म्स खड़ी की जाए ।

(3) - सपोर्ट के लिए क्रॉस आर्म के चारों ओर सेफ़्टी बेल्ट तब तक न डाली जाए जब तक कि व्यक्ति यह नहीं कहता कि क्रॉस आर्म से उसे सहारा मिलेगा ।

(4) - इंसुलेटरों को सफलता पूर्वक अलग बक्सों में पैक किया जाए तथा कार्य स्थल पर ले जाया जाए ।

(5) - इंसुलेटरों को पृथक करने से पूर्व किसी संभव दरार या चिपिंग के लिए निरीक्षण किया जाए । केवल सुदृढ़ (ठीक - बिना टूटा फूटा) इंसुलेटरों कों ही प्रतिस्थापित (लगाया) किया जाए ।

कंडक्टर (तार/वायर) –

(1) - कंडक्टर या केबिल ड्रम को ड्रम अवलंबन का सहारा दिया जाए तथा कंडक्टर केबिल को सप्लायर द्वारा इंगित दिशा में रील को गुमाने का ध्यान रखा जाए ।

(2) - कंडक्टर को सावधानी पूर्वक इस तरह खोला जाए कि गांठ न पड़े और पत्थर या अन्य सख्त तल पर न घिसे ।

(3) - मौसम - सह (वेदर प्रूफ) तार की हेंडलिंग तथा कसाई (खिचाई) करते समय यह अवश्य ध्यान रखा जाए कि वेदर प्रूफ कवरिंग को कोई नुकसान न पहुंचे ।

(4) - विद्यमान ऐंठन बिन्दु पर और तारें तब तक न जोड़ी जाए जब तक कि कार्य का प्रभारी अधिकारी अपने - आप को इस बात से संतुष्ट नहीं कर लेता कि खंभा संशोधित गांठों को आसानी से सह लेगा ।

(5) - रेलवे लाइन के आस - पास कंडक्टरों की तार की कसाई करने में रेल - गाड़ियों के आवागमन की अनुसूची का मूल्यांकन कर लें तथा रेलवे लाइन के दोनों ओर अस्थायी स्ट्रक्चर की संरचना कर ली जाए, ताकि कंडक्टर कार्य के किसी भी समय ट्रैक पर कोई न आए । अगर आवश्यक हो तो संबन्धित स्थायी मार्ग निरीक्षक की सहायता ली जा सकती है तथा किसी गंभीर दुर्घटना से बचने के लिए सभी अन्य सावधानियाँ बरती जा सकती हैं ।

(6) - सड़क मार्ग के आर - पार तारों या कंडक्टरों की कसाई (खिचाई) करते हुए इन्हें सड़क मार्ग से स्पष्ट दूरी/ऊंचाई पर कसा (खींचा) जाए तथा ट्रेफिक की निगरानी के लिए गेंग मेन तैनात किए जाए ।

(7) - डाक एवं तार लाइनों तथा सार्वजनिक संपत्ति के साथ हस्तक्षेप न हो इसके लिए प्रत्येक संगत प्रयास किया जाए ।

(8) - सभी इंसुलेटरों में एक कंडक्टर को कस कर बांधा जाए ताकि सपोर्ट पॉइंट पर कंडक्टरों के ढीले हो जाने की संभावना से बचने तथा भूमि पर गिर जाने की संभावना से बचा जा सके । समानान्तर सर्किटों में बाधते समय यह सुनिश्चित किया जाएगा कि एक सर्किट की फेज लाइन अन्य सर्किट की समनुरूपी फेज लाइन से कनेक्ट की गई है ।

(9) - किसी कंडक्टर को काटने से पूर्व लाइन सपोर्ट को समुचित रूप से एकत्र किया जाए ।

(10) - कंडक्टरों को हैड लाइन से नीचा किया जाए, अन्य लाइनों से संपर्क होने से बचने के लिए सतर्कता बरती जाए ।

(11) - यह देखने के लिए सावधानी बरती जाए कि कंडक्टर जिन्हें काटा जाता है वे सड़क मार्ग पर न गिरें तथा सभी गलियों एवं हाई - वे की निगरानी की जाए ।

(12) - टूटी हुई लाइनों के गिरने से पूर्व सभी कामगारों को सतर्क कर दिया जाए ।

18

धरा या भू - तार (ग्राउंड अर्थ वायर) -

धरा या भू - तार (ग्राउंड अर्थ वायर) –

(1) – खंभों पर लाइन सुसज्जा से अलग भू - तार प्रतिस्थापित किया जाना चाहिए जो सामान्य तौर पर क्रॉस आर्म्स, ब्रेस, बोल्ट के जरिए, पोल स्टेप, सड़क रोशनी सुसज्जता आदि जैसे भूमि से इंसुलेटिड के रूप में विचारे जाते हैं।

स्टे – स्टे में मुख्य रूप से यह सामान रहता है (1 - स्टे रोड, 2 - स्टे प्लेट, 3 - आई बोल्ट, 4 - स्टे वायर, 5 - थिमबल, 6 - स्टे की बो (झोली), 7 - स्टे इंसुलेटर, 8 - स्टे क्लैम्प, 9 - नट्स एवं वाशर इत्यादि)।

स्टे - वायर -

1. - जब इनसुलेटरों का प्रयोग हो उन्हें स्टे - वायर को सेट करने से पूर्व स्टे - वायर लाइन से जोड़ा जाए। नए कार्यों में स्टे को सामान्यता कंडक्टरों को कसने से पूर्व प्रतिस्थापित किया जाए।
2. - स्टे इस तरह प्रतिस्थापित किया जाए कि वह ऊपर चढ़ने के स्थान में विघ्न न डालें।
3. - इंसुलेशन की अपेक्षा मात्रा सुरक्षित करने के लिए स्टे - स्ट्रेन इनसुलेटरों का प्रावधान किया जाए स्टे खंभों पर सतर्कता पूर्व प्रतिष्ठापित किया जाए कि वे ढीले न पड़े।
4. - स्टे - वायर स्ट्रीट हाई - वे, ट्रेफिक में वाधा न डालें अन्यथा एरियल स्टे प्रतिस्थापित किए जा सकते है।
5. - स्टे वायर इस तरह प्रतिस्थापित किए जाएँ कि वे विद्युत केबिलों से रगड़ न खाएं।
6. - स्टे वायर को पेड़ों के साथ न बांधें।

19

बाहरी व्यक्तियों के लिए आवश्यक सुरक्षा हिदायतें -

बाहरी व्यक्तियों के लिए आवश्यक सुरक्षा हिदायतें –

अधिकारियों/कर्मचारियों का कर्तव्य है कि विभिन्न शिवरों के माध्यम से ग्रामीणजनों को निम्न सुरक्षा हिदायतें दें ताकि बाहरी व्यक्तियों/पशुओं की दुर्घटनाओं को समाप्त किया जा सके। विद्युत लाइनों, उपकरणों, एवं खंभों से छेड़खानी करना भारतीय विद्युत अधिनियम के अंनुच्छेद 40 एवं 46 के अंतर्गत दंडनीय अपराध है। (एक्ट 2003 के अनुसार लिखना है)

जरा सी असावधानी या छेड़खानी से बड़े बड़े खतरे पैदा हो सकते हैं। इसलिए सावधानियाँ बरतनी चाहिए।

(1) - ऐसी लाइन जिनमें विद्युत शक्ति (धारा - करेंट) प्रवाहित होती है, यदि आंधी तूफान या अन्य कारणों से अकस्मात टूट जाए तो उनके समीप जाकर, उन्हें छु कर खतरा मोल न लें। आवश्यक बात यह है कि शीघ्र लाइन टूटने की सूचना निकटतम विभागीय/कंपनी अधिकारी को अथवा विद्युत कर्मचारी को दें, संभव हो तो किसी आदमी को उस जगह, अन्य राहगीरों को चेतावनी देने के लिए रखें।

(2) - नये घर बनाते समय विद्युत पारेषण अथवा वितरण लाइन से समुचित दूरी रखें यह कानून की दृष्टि से भी आवश्यक है। उचित फासले (दूरी) के विषय में स्थानीय बिजली विभाग के कर्मचारी/अधिकारी की सलाह लें। आपके बच्चे एवं कुटुम्बीयजनों की सुरक्षा के लिए अति आवश्यक है।

(3) - खेतों खलिहानों में ऊंची - ऊंची घास की गंजी (ढेर), कटी फसल का ढेरियाँ, झोपड़ी, मकान, तम्बू आदि विद्युत लाइनों के नीचे अथवा अत्यंत समीप (नजदीक) न बनायें।

(4) - विद्युत लाइनों के नीचे से अनाज, भूसे आदि की अधिक ऊंचाई तक भारी हुई गाडियाँ न निकालें इससे आग लगने एवं प्राण जाने का खतरा है।

(5) - गाँव व शहरों में कभी - कभी उत्सव जैसे होली आदि का आयोजन किया जाता है बहुत सी लकड़ियों को इकठ्ठा कर चौराहों पर होलिका दहन किया जाता है। चौराहों के ऊपर से विद्युत लाइनें जा रहीं हो तो तारों के नीचे होली नहीं जलानी चाहिए, आंच/आग की लपटों से एल्यूमिनियम/केबिल के तारों के गलने और टूटने की संभावना है और अप्रत्याशित घटना घट सकती है।

(6) - बहुत से स्थानों पर बच्चे पतंग अथवा लंगर का खेल खेलते, तरह - तरह के धागे डोर विद्युत की लाइनों में फसा देते हैं। ऐसा करने से उन्हें रोंकें। लाइनों में पतंग निकालने के लिए बच्चों को कभी भी खंभे पर चढ़ने ना दें।

(7) - लाइनों पर तार या झाड़ियाँ न फेकें। यदि कोई ऐसा करता है तो इसकी सूचना पास के पुलिस थाने या विद्युत विभाग/कंपनी के वितरण केंद्र में दें। विद्युत लाइनों के पास लगे वृक्ष या उसकी शाखा न काटे यदि कटी शाखा लाइन पर गिरे तो आपके लिए घातक सिद्ध हो सकता है।

(8) - अपने खेत खलिहान, घर या संपत्ति की सुरक्षा हेतु अवरोधक तारों (फेंसिंग वायर्स) में विद्युत प्रवाहित न करें। यह कानूनी अपराध भी है, इस प्रकार विद्युत का उपयोग करने वालों पर कानूनी कार्यवाही की जा सकती है, इसी तरह मछली आदि पकड़ने के लिए पानी/नदी/नाले/पोखर में बिजली का करेंट न छोड़े, इससे अन्य जीवधारी और मानव जीवन भी संकट में आ जाते हैं।

(9) - बिजली के तारों पर कपड़े आदि डालना दुर्घटना को निमंत्रण देना है।

(10) - बिजली के खंभों पर कदापि न चढ़ें एवं स्टे वायर आदि विद्युत उपकरणों से छेड़खानी न करें। ऐसा करने पर आपका जीवन संकट में पड़ सकता है।

(11) - बिजली के खंभों पर स्टे - वायर आदि न बांधे और न ही इससे जानवरों को रगड़ खाने दें इससे जन धन की हानि हो सकती है।

(12) - घरों में बिजली के तार सुव्यवस्थित ढंग से लगावे। अव्यवस्थित एवं ढीले या झूलते तार खतरे से खाली नहीं हैं। सभी विद्युत यंत्रों के उपयोग में सावधानी बरतें।

(13) - विद्युत तारों अथवा उपकरणों की खराबी दूर करने के लिए तथा बिजली का फ्यूज सुधारने के लिए किसी जानकार ही सहायता लें। इससे एक ओर जहां दुर्घटनाओं को टाला जा सकेगा वहीं दूसरी ओर आप आर्थिक हानि से भी बच सकेंगें।

20

यदि कोई व्यक्ति सजीव (चालू लाइन के) तारों के संपर्क में आता है तो बरतने वाली सावधानियां -

यदि कोई व्यक्ति सजीव (चालू लाइन के) तारों के संपर्क में आता है तो बरतने वाली सावधानियां –

(अ) – स्विच में विद्युत प्रवाह तुरंत बंद कर दें।

(आ) – यदि स्विच बंद न कर सकें तो दुर्घटना ग्रसित व्यक्ति को सूखी रस्सी, सूखा कपड़ा या सूखी लकड़ी की सहायता से सजीव तारों (चालू लाइन) से अलग करें। ऐसा न करने से सहायता करने वाले को भी झटका (शॉक) लग सकता है।

(इ) – दुर्घटना ग्रसित व्यक्ति को सजीव तारों (चालू लाइन) से शीघ्र से शीघ्र ही अलग करें क्योंकि एक सेकेण्ड की भी देरी घातक हो सकती है।

(ई) - दुर्घटना ग्रसित व्यक्ति को सूखी जमीन या या सूखे फर्श पर लिटाएँ एवं कृत्रिम सांस देकर उसका उसका प्रथमोपचार करें। डाक्टर को तत्काल बुलाकर कृत्रिम श्वान्स देवें अथवा उसे शीघ्र अस्पताल पहुंचाएं।

(15) घरेलू उपकरणों की विद्युत फिटिंग का अर्थिंग करना अति आवश्यक है। सही अर्थिंग होने से विद्युत दुर्घटना टाली जा सकती है।

(16) - प्रकाश/थ्रेसर चलाने के लिए लंबी एवं जोड़ वाले तारों का उपयोग न करें। थ्रेसर तारों को विभाग/कंपनी की लाइनों से अनाधिकृत रूप से न जोड़े। ऐसा करने से दुर्घटना हो सकती है। एवं आपके विरुद्ध चोरी का इल्जाम/आरोप भी लगाया जा सकता है। कानूनी कार्यवाही की जा सकती है।

(17) - आवश्यक जानकारी हेतु विभाग/कंपनी के वितरण केंद्र कार्यालय से संपर्क स्थापितकरें।

(18) – गीले या नम हाथों से बिजली चालू/बंद न करें।

(19) – विद्युत लाइनों के निकट/समीप फलदार पेड़ों पर न चढ़ें।

ऊपर लिखी हुई सावधानियों का स्वयं पालन करें और अधिक से अधिक अन्य लोगों को समझायें

विद्युत दुर्घटनाओं के प्रति चौकसी के लिए सुरक्षा पोस्टर –

महत्वपूर्ण :- बिजली के झटके आसानी से लग जाते हैं तथा आसानी से ही इनसे बचा जा सकता है। जोखिम सदैव दिखाई नहीं देता, सावधान रहें। निम्नलिखित अपेक्षित व अनपेक्षित का सजगता से पालन करें –

मुख्य लाइनें तथा उपकरण -

अपेक्षित /अनपेक्षित

एक लैंप के बदलते समय या एक पंखे को हेंडिल करने से पूर्व यह आश्वस्त हो जाते हैं कि सप्लाई का स्विच बंद है।

एक न्यूट्रल सर्किट में सिंगल पोल स्विच फ्यूज न कनेक्ट करें, बल्कि सदैव इसे सक्रिय या फेज वायर से जोड़ें।

उड़ गए फ्यूज को बदलते समय माप तथा गुणवत्ता वाली तारका प्रयोग करें।

उड़े फ्यूज को तब तक न बदलें जब तक आप उड़नेका कारण नहीं जान लेते तथा उसका आशोधन नहीं कर लेते।

जब फ्यूज हटा रहें हो तथा सप्लाई सिरे को पहले खीचें तथा जब बदल रहें हों तो सप्लाई सिरे को बाद में डालें।

फ्यूज वायर के प्रतिस्थापन (लगाने) के रूप में तांबे की तार का प्रयोग न करें।

काम शुरू करने से पूर्व मुख्य स्विच पर "आदमी काम कर रहें हैं" या चेतावनी बोर्ड लगाएं।

किसी भी स्विच को तब तक बंद न करें जब तक आप को सर्किट, जो इसे कंट्रोल करता है की पहचान नहीं है, तथा इसे खोले जाने का कारण का पता नहीं है ।

किसी सर्किट या उपकरण पर कार्य करने से पूर्व यह आश्वस्त हो जाएं कि कंट्रोलिंग स्विच खोल दिए गए हैं । तथा लॉक कर दिए गए हैं या फ्यूज होल्डर निकाल लिए गए हैं ।

किसी भी इलेक्ट्रिकल गीयर या कंडक्टर को तब तक न छूएँ या छेड़ - छाड़ न करें जब तक आप आश्वस्त नहीं हो जाते कि यह निष्क्रिय या अर्थ कर दिया गया है । उच्च वोल्टता उपकरण बिना छूए ही कभी -कभी लीकेज, शॉक या फ्लेश ओवर दे सकते हैं

सर्किट को सदैव तब तक सक्रिय माना जाय जब तक आपने उसे निष्क्रिय सिद्ध न कर दिया हो, कंडक्टरों का विद्युत रोधन दोषजनक हो सकता है ।

प्रभारी व्यक्ति के आदेश के बिना सक्रिय सर्किटों में कार्य न करें । यह पक्का सुनिश्चित करें कि सभी सुरक्षा सावधानियां की गई हैं और आप के साथ दूसरा सक्षम व्यक्ति है जो प्राथमिक उपचार तथा कृत्रिम श्वान्स क्रिया दे सकता है ।

मोटर या अन्य घूर्णन मशीन पर कार्य करने एवं पूर्व आश्वस्त हो जाएं कि उसे आपकी अनुमति के बिना चलाया न जाए ।

अर्थिंग कनेकशन को न हटाएँ या मुख्य लाइन तथा उपकरण प्रतिष्ठान सुरक्षा यंत्रों को अप्रभावी बनाएं ।

जहां पर भी आर्क या फ्लैश होती है उससे विमुख हो जाने की अपनी आदत बना लें ।

मीटर बोर्ड या कट आउट के साथ तब तक छेड़ - छाड़ न करें तन तक ऐसा करने के लिए आपको प्राधिकृत न किया गया हो ।

आर्क के साथ - साथ उच्च वोल्टता के प्रति सजग करें याद रखें कि आर्क से जलन काफी गंभीर हो सकती है। देख लें कि सभी जोड़ तथा कनेकशन दृढ़ता से जोड़े गए हैं ।

इलेक्ट्रिक आर्क की ओर न देखें । अल्प प्रकाश लगने का परिणाम दर्दनाक चोट हो सकती है । एक स्विच या फ्यूज को धीरे - धीरे या हिचक के साथ न बंद करें या खोले, ऐसा शीघ्र करें तथा सकारात्मक रूप में करें ।

जब तक इंडक्टिव कंडक्टर को तोड़ें तब तक गहन सतर्कता बरतें क्योंकि परिणाम के रूप में खतरनाक रूप में उच्च वोल्टता होगी ।

मुख न मोड़ें नहीं तो अंधे की तरह स्विच या फ्यूज ढूढ़ना पड़ेगा ।

कोरों पर कार्य करने से पूर्व सभी केबिलों को अर्थिंग करके पूर्णत: अनावेशित (डिस्चार्ज) कर लें ।

उपकरण जो ऊर्जितहैं के आस - पास मेटल -केस फ्लेश लाइट का प्रयोग न करें ।

रबड़ - दस्तानों का आवधिक (समय सीमा) परीक्षण करें

जब कनेकशन या प्रचालन कर रहें हों तो सर्किट में अपने शरीर के किसी अंग को न तो धरती/जमीन की ओर न ही टर्मिनल के आर - पार से जाएं ।

इलेक्ट्रीकलस्विच बोर्डो के समक्ष रबड़ मैट रखें ।

घटिया विद्युत रोधन (प्रतिरोध) वाली तारों का प्रयोग न करें ।

बिना रोशनदान वाले मेनहोल में गैसों के संचयन से बचाव करें । वार्निश ज्वलनशील वाष्प निस्सरित करती है ।

एक इलेक्ट्रिक सर्किट तब न छूएँ जब आप के हाथ गीले हैं या कटने अथवा छिल जाने से खून बह रहा हो ।

रबड़ दस्तानों तथा लकड़ी के हेंडिलों के प्रयोग जैसी अतिरिक्त सावधानी किए बिना ऊर्जित सर्किटों पर कार्य न करें ।

21

केंद्रीय विद्युत प्राधिकरण (सीईए) के द्वारा निर्धारित विद्युत लाइनों से सुरक्षित दूरी के मानक -

केंद्रीय विद्युत प्राधिकरण (सीईए) के द्वारा निर्धारित विद्युत लाइनों से सुरक्षित दूरी के मानक –

1- विद्युत दुर्घटना लाइनों की लाइनों से, भवनों से, धरातल/जमीन से निर्धारित मापक (नाप) से कम होने पर भी घट सकती है अतः घटना स्थल की जांच करते समय इनका भी निरीक्षण करें। केंद्रीय विद्युत प्राधिकरण (सीईए) ने विद्युत अधिनियम 2003 (2003 का 36) की धारा 177 द्वारा प्रदत्त शक्तियों का प्रयोग करते हुए लाइनों की सुरक्षा तथा विद्युत आपूर्ति संबंधी उपाय/विनियम स्पष्ट किए हैं, जो यथावत उद्धृत किए जा रहे हैं :- -

केंद्रीय विद्युत प्राधिकरण/अधिसूचना 20 सितंबर 2010/अध्याय 7/56, जोड़ (ज्वाइंट ऑन कंडक्टर) –

1. -ओवरहेड लाइन के एक खंड (स्पान) के सुचालक मे एक से ज्यादा जोड़ नहीं होंगे और ओवरहेड लाइन के सुचालकों के बीच जोड़ को संचालन हालातों में यांत्रिक (मेकेनिकली) तथा विद्युत (इलेक्ट्रीकली) तौर पर सुरक्षित बनाया जाएगा।
2. – जोड़ की विद्युत सुचालकता (कंडक्टिविटी) तथा चरम बल (अल्टीमेट स्ट्रेंथ) तत्संबंध भारतीय मानकों के अनुसार होगा।

केंद्रीय विद्युत प्राधिकरण/अधिसूचना 20 सितंबर 2010/अध्याय 7/58, ओवरहेड लाइनों के सबसे निचले सुचालक (कंडक्टर) की जमीन से ऊंचाई - -

1. – सड़क के आर - पार लगाई गई सर्विस लाइनों सहित, ओवरहेड लाइनों को कोई भी सुचालक उनके किसी भी हिस्से में, निम्नलिखित ऊंचाई से कम पर नहीं होगा –

(अ) - 650 वोल्ट तक के वोल्ट वाली लाइनों के लिए - 5.8 मीटर
(आ) - 650 वोल्ट से अधिक किन्तु 33 के वी से न अधिक - 6.1 मीटर

1. – सड़क के किनारे लगाई गई सर्विस लाइनों सहित ओवरहेड लाइनों का कोई भी सुचालक उनके किसी भी हिस्से में निम्नलिखित ऊंचाई से कम पर नहीं होगा –

(अ) – 650 वोल्ट से न अधिक वोल्ट वाली लाइनों के लिए - 5.5 मीटर
(आ) – 650 वोल्ट से अधिक किन्तु 33 के वी से
कम वोल्ट वाली लाइनों के लिए - - 5.8 मीटर

1. - सड़कों के बजाय कहीं अन्यत्रलगाई गई सर्विर्स लाइनों सहित ओवरहेड लाइनों का कोई भी सुचालक निम्नलिखित ऊंचाई से कम पर नहीं होगा –

(अ) - 11 केवी तक और सहित वोल्ट वाली लाइनों के लिए जो कि इंसुलेटिड नही हैं - 4.6 मीटर

(आ) - 11 केवी तक और सहित वोल्ट वाली इंसुलेटिड लाइनों के लिए - 4.0 मीटर

(इ) - 11 केवी से अधिक किन्तु 33 केवी से कम वोल्ट वाली लाइनों के लिए - 5.2 मीटर

(4) – 33 केवी से अधिक वोल्ट वाली लाइनों के लिए किसी हिस्से में जमीन से ऊंचाई 5.2 मीटर से कम नहीं होगी और जहां भी 33 केवी से अधिक वोल्ट बढ़ते हैं, उसी के अनुसार उक्त ऊंचाई में प्रत्येक अतिरिक्त 33 केवी या इसके भाग के लिए 0.3 मीटर जोड़ने होंगे। परंतु किसी भी स्ट्रीट के साथ -साथ या आर - पार न्यूनतम अंतराल 6.1 मीटर से कम नहीं होगा।

केंद्रीय विद्युत प्राधिकरण/अधिसूचना 7/60 : - 650 वोल्ट से अधिक वोल्ट की लाइनों और सर्विस लाइनों की इमारतों से दूरी –

(1) – ओवरहेड लाईन जहां तक संभव हो, किसी मौजूदा भवन के ऊपर से नहीं गुज़रेगी और मौजूदा ओवरहेड लाईन के नीचे कोई भी इमारत नहीं बनाई जाएगी।

(2) – ऐसे मामलें में जहां से 650 वोल्ट से कम वोल्ट की कोई ओवर हेड लाईन किसी इमारत के ऊपर या पास से गुजरती है अथवा समाप्त होती है, किसी भी पहुँच बिन्दु से, अधिकतम झोल के आधार पर निम्नलिखित न्यूनतम अंतराल रखा जाएगा, अर्थात –

- - किसी भी सपाट छत, खुली बालकनी, वरांडा/वरामदा, छत और झुकी हुई छत के लिए –

(क) - लाईन जब इमारत के ऊपर से गुजर रही हो, उच्चतम बिन्दु से लम्बवत दूरी 2.5 मीटर और

(ख) - लाईन जब इमारत के नजदीक से गुजर रही हो, सबसे नजदीक के बिन्दु से समानान्तर दूरी 1.2 मीटर और

(आ) - ढलवां छत के लिए –

(क) - लाईन जब इमारत के ऊपर से गुजर रही हो, लाइन के तत्काल नीचे से 2.5 मीटर की लम्बवत दूरी, और

(ख) - लाईन जब इमारत के नजदीक से गुजर रही हो, 1.2 मीटर का अंतराल।

(3) - कोई सुचालक, जो इस प्रकार लगाया है कि उसकी दूरी उपरोक्त निर्धारित दूरी से कम है, पर्याप्त रूप से इंसुलेटिड होगा, और कम से कम 350 किलोग्राम के भंगुरता बल (ब्रेकिंग स्ट्रेंथ) वाले अर्थ के लिए खुले बीयर वायर से पर्याप्त अंतरालों पर जुड़ा होगा।

(4) - समानान्तर दूरी तब नापी जाएगी, जब लाइन वायु दाब के कारण लम्बवत से अधिकतम विचलन पर हो।

(5)- लम्बवत तथा समानान्तर दूरी अनुसूची में विनिदिर्ष्ट दूरी के अनुसार होगी।

स्पष्टीकरण – इस विनियम के प्रयोजनार्थ इमारत शब्द में कोई भी अवसंरचना, चाहे वह स्थाई हो अस्थाई, सम्मलित है।

केंद्रीय विदूत प्राधिकरण/अधिसूचना 20 सितंबर 2010/अध्याय 7/61 - 650 वोल्ट से अधिक वोल्ट वाली लाइनों की इमारतों से दूरी –

ओवरहेड लाइन जहां तक संभव हो मौजूदा इमारत के ऊपर से नहीं गुज़रेगी और मौजूदा ओवरहेड लाइन के नीचे कोई इमारत नही बनाई जाएगी।

ऐसे मामले में जहां 650 वोल्ट से अधिक वोल्ट वाली ओवरहेड लाइन किसी इमारत अथवा इमारत के हिस्से के ऊपर से अथवा नजदीक गुजरती है, ऐसे लाइन के तत्काल नीचे बनी इमारत/भवन के सबसे ऊंचे हिस्से से लाइन के अधिकतम झोल के आधार पर लम्बवत दूरी निम्नलिखित दूरी से कम नहीं होगी –

- – 650 वोल्ट से अधिक किन्तु 33,000 वोल्ट तक और सहित वोल्ट वाली लाइन के लिए - 3.7 मीटर

(आ) – 33 केवी से अधिक वोल्ट वाली लाइन के लिए 0.3 मीटर प्रत्येक अतिरिक्त 33 केवी वोल्ट या इसके भाग के लिए। - 3.7 मीटर

सबसे नजदीकी सुचालक और ऐसी इमारत के बीच की समानान्तर दूरी, वायु दवाब के कारण अधिकतम विचलन के आधार, निम्नलिखित दूरी से कम नहीं होंगी –

(इ)– 650 वोल्ट से अधिक और 11 000 वोल्ट तक और सहित वोल्ट वाली लाइन के लिए - - 1.2 मीटर

(ई)- 11,000 वोल्ट से अधिक और 33, 000 वोल्ट तक और सहित वोल्ट वाली लाइन के लिए - 2.0 मीटर

- - 33 केवी वोल्ट से अधिक वाली लाइन के लिए 0.3 मीटर प्रत्येक अतिरिक्त 33 केवी अथवा इसके भाग के लिए - 2.0 मीटर

केंद्रीय विद्युत प्राधिकरण/अधिसूचना 20 सितम्बर 2010/अध्याय 7/69 -
एक दूसरे को लांघने (क्रॉस) वाली अथवा एक दूसरे की ओर आने वाली
और गलियों और सड़कों को पार करने वाली लाइने – ऐसे मामले में जहां ओवरहेड लाइन,

दूरसंचार लाइन के ऊपर से या पास से गुजरती है, ओवरहेड लाइन अथवा दूर संचार लाइन का स्वामी/मालिक, जो भी अपनी लाइन बाद में बिछाया है, सुरक्षात्मक उपकरणों अथवा संरक्षात्मक व्यवस्थाओं का उपबन्ध करेगा और निम्नलिखित उपबंधों का अनुपालन करेगा, अर्थात –

1. - जब ऐसी दूर संचार लाइन या ओवरहेड लाइन जो ओवरहेड लाइन अथवा दूर संचार लाइन
2. - लाइन को क्रॉस करेगी या उसके पास से गुज़रेगी, जैसा भी मामला हो, बिछाने का इरादा हो, ऐसी लाइन बिछाने का प्रस्ताव करने वाला व्यक्ति, ऐसा करने के अपने इरादे के बारे में मौजूदा लाइन के स्वामी/मालिक को एक महीने का नोटिस देगा, जिसमें सुरक्षा के बारे में प्रासांगिक ब्यौरा और नक्शा दिया जाएगा।
3. – 33 केवी तक वोल्ट वाली लाइन जहाँ भी रोड अथवा गली को क्रॉस करेंगी सुरक्षा के उपाय किए जाएँगे।
4. – ऐसे मामले में जहां ओवरहेड लाइन दूसरी ओवरहेड लाइन को क्रॉस करती है अथवा नजदीक से गुजरती है, सुरक्षा उपबन्ध किए जाएंगे ताकि उनके एक - दूसरे के सम्पर्क में आने की संभावना से बचाने के लिए सावधाने बरती जा सकें।
5. - ऐसे मामले में जहाँ, एक ओवरहेड लाइन, दूसरी ओवरहेड लाइन को क्रॉस करती है , निम्नलिखित के अनुसार अंतराल बनाए रखना होगा –

एक - दूसरे को क्रॉस करने वाली लाइनों के बीच न्यूनतम अंतराल मीटर में –

आंकलित प्रणाली के वोल्ट (केवी) - , 11 - 66, 110 - 132, 220, 400, 800

दूरी मीटर में 2.44, 3.05, 4.58, 5.49, 7.94

– एक ही सपोर्ट पर विभिन्न वोल्टेताओं पर कंडक्टर –

जहां पर विभिन्न वोल्टताओं पर कंडक्टर प्रणालियों के भिन्न हिस्से बनते हैं और एक ही सपोर्ट पर उत्थापित है, मालिक/स्वामी/सप्लायर, लाइन मेन एवं अन्य व्यक्तियों को खतरे से बचाने के लिए पर्याप्त प्रावधान करें ताकि उच्च वोल्टता प्रणाली के संपर्क होने पर या लीकेज द्वारा सामान्य कार्य वोल्टता से अधिक आवेशित होने के कारण निम्न वोल्टता प्रणाली खतरा न बने तथा दो प्रणालियों के कंडक्टरों के बीच लागू न्यूनतम दूरी और निर्माण पद्धति लाइनों के एक दूसरे से क्रॉस करने के लिए विनियमों (विनियम 69) में यथा विनिदिर्ष्ट हो।

भवनों, निर्माण संरचना, बाढ़ – किनारों तथा सड़क को ऊंचा करना - -

अगर एक ओवरहेड लाइन चाहे वह इंसुलेटिड मेटिरीयल के साथ या बगैर इसके बनी हो, के उत्थान/खीचने के पश्चात किसी समय कोई व्यक्ति एक नए भवन या संरचना या बाढ़ - किनारा बनाने अथवा सड़क से स्तर को ऊंचा करने या किसी प्रकार का कार्य चाहे वह स्थायी या अस्थायी है अथवा इसे वह किसी भवन पर या बाढ़ किनारे की संरचना या सड़क पर किसी स्थायी या अस्थायी संवर्धन या संशोधन का प्रस्ताव करता है , वह तथा ठेकेदार जिसे उसने उत्थापन या संशोधन के लिए नियुक्त किया है, ऐसा करने की सूचना लिखित रूप से सप्लायर या मालिक को देगा तथा वह उसे वैद्युत निरीक्षक को प्रस्तावित भवन, संरचना, बाढ़ किनारा, सड़क या संवर्धन अथवा संशोधन तथा निर्माण के दौरान अपेक्षित स्कोफ़ोलिंग दर्शाने वाली ड्राइंग प्रस्तुत करेगा।

ओवरहेड लाइनों के निकट सामग्री का परिवहन तथा भंडारण –

(1) - किसी भी अनावृत ओवरहेड कंडक्टर लाइन के नीचे या आस - पास किसी भी छड़, पाइप या इसी प्रकार की सामग्री को न लाया जाए अगर इन विनियमों का उल्लंघन किया जाता है तो ऐसी सामग्री का परिवहन लाइनों के मालिक द्वारा इस संदर्भ में पदनामित किसी व्यक्ति के सीधे पर्यवेक्षण के तहत किया जाय।

(2) - अनावृत सक्रिय कंडक्टरों या लाइनों की फ्लेश ओवर दूरी के भीतर किसी छड़, पाइप या उसी तरह की सामग्री को न लाया जाए।

(3) - विनियमों के प्रावधानों के विरुद्ध अनावृत ओवरहेड कंडक्टरों या लाइनों के नीचे या इसके आस - पास कोई सामग्री अथवा भू - कार्य या कृषि उत्पाद का ढेरन लगाया जाए या भंडारण किया जाए अथवा पेड़ न उगाए जाएं।

(4) - इलेक्ट्रिक सप्लाई लाइन के नीचे किसी ज्वलनशील सामग्री का भंडारण न किया जाए।

(5) - अंडरग्राउंड केविलों की ऊपरी सतह पर अग्नि जलाने की अनुज्ञा (परमीशन) न दी जाए।

(6) - इलेक्ट्रिक लाइनों के नीचे किसी भी सामग्री को जलाना निषेध है।

एरोड्रम (हवाई पट्टी के पास) के आस - पास रूटस –

एरोड्रम (हवाई पट्टी) के आस - पास तब तक ओवरहेड लाइनों का उत्थापन न किया जाए जब तक एयरपोर्ट अथारिटी संगत भारतीय मानक के अनुसार प्रस्तावित लाइनों के रूट का लिखित रूप से अनुमोदन न कर दें।

जहां पर एक ही स्तम्भ (सपोर्ट) पर दूर - संचार तथा विद्युत लाइनों को उत्थापित/खड़े किया जाना है वहाँ पर लागू शर्तें –

(1) – एक विद्युत लाइन वाली सपोर्ट पर उत्थापित प्रत्येक ओवरहेड दूर संचार लाइन से कम से कम 270 किलोग्राम ब्रेकिंग स्ट्रेंथ का प्रत्येक कंडक्टर समाविष्ट होगा ।

(2) - एक विद्युत लाइन वाली सपोर्ट पर उत्थापित एक दूर संचार लाइन पर प्रयुक्त टेलीफोन को तड़ित गिरने के प्रति उपयुक्त सुरक्षा प्रदान की जाएगी तथा इसकी सुरक्षा कट - आउट द्वारा की जाएगी ।

(3) - जहां पर 650 से अधिक वोल्टता की एक विद्युत लाइन वाली सपोर्ट पर एक दूर – संचार लाइन को उत्थापित किया जाता है वहाँ पर इस प्रकार की विद्युत तथा दूर - संचार लाइन के बीच संपर्क, लीकेज या इंडकशनके परिणाम स्वरूप चोट के प्रति किसी भी व्यक्ति की सुरक्षा के इंतजाम किए जाएंगे ।

गार्डिंग (सुरक्षा जाली) –

इन विनियमों के तहत जहां चौकसी अपेक्षित है निम्नलिखित का अनुपालन किया जाए, नामश : -

(1) - प्रत्येक पॉइंट जिस पर इसकी वैद्युत निरंतरता टूटती है वहाँ पर प्रत्येक गार्ड वायर के साथ पॉइंट को धरती के साथ कनेक्ट किया जाए ।

(2) - प्रत्येक गार्ड वायर की वास्तविक ब्रेकिंग स्ट्रेंग्थ कम से कम 635 किलोग्राम होगी तथा अगर लोहे या इस्पात की बनी है तो गैल्वेनाइज्ड की जाएगी ।

(3) - प्रत्येक गार्ड वायर या गार्ड वायरों का क्रॉस - कनेक्टिड प्रणालियों जब तक किसी सक्रिय लाइन के संपर्क को हटा नहीं लिया जाता है, गार्ड वायर या वायरों के फ्यूजिंग के बिना जोखिम के निष्क्रिय करना सुनिश्चित करने के लिए पर्याप्त करेंट धारण क्षमता होगी ।

ओवरहेड लाइनों से सर्विस लाइने : -

सपोर्ट के बिन्दु को छोड़कर एक ओवर हेड लाइन से कोई भी सर्विस लाइन या टैपिंग नहीं की जाना चाहिए । यह प्रावधित है कि प्रत्येक कंडक्टर की टैपिंग की संख्या 650 वोल्ट से कम वोल्टता पर कनेकशनों के मामले में अधिकतम चार होगी ।

अर्थिंग –

1. -ओवरहेड लाइनों की सारी मेटल सपोर्ट तथा सारी पुन: प्रबलित (रि - इन्फ़ोर्सिड) तथा पूर्व दाब (प्री - स्ट्रेसड) सीमेंट कंक्रीट स्पोर्ट और इन पर लगी मेटेलिक फिट्टिंगस को एक सतत अर्थ वायर का प्रावधान कर के स्थायी रूप से तथा प्रभावी रूप में प्रत्येक खंभे से करने पर बांध कर तथा प्रत्येक किलोमीटर में तीन बिन्दुओं पर सामान्यत: धरती से कनेक्ट करके जितना संभव हो लगभग एक जितनी दूरी पर या प्रत्येक स्पोर्ट तथा 33 के व्ही पर मेटेलिक फिटिंगस को प्रभावी रूप से अर्थ किया जाएगा ।
2. - 650 वोल्ट से कम वोल्टता की ओवरहेड सर्विस लाइनों की स्पोर्टिंग इंसुलेटिड वायरों के लिए प्रयुक्त मेटेलिक वेयरर वायर को प्रभावी रूप से अर्थ या इंसुलेटिड किया जाएगा ।
3. - प्रत्येक स्टे - वायर को तब तक इसी प्रकार अर्थ किया जाएगा जब तक इनमें भूमि से कम कम 3.0 मीटर ऊंचाई पर इंसुलेटिड नही लगा दिए जाते हैं ।
4. - 650 वोल्ट से अधिक वोल्टता वाली प्रत्येक ओवरहेड लाइन का स्वामी/मालिक इस प्रकार की ओवरहेड लाइनों के स्पोर्ट जिन पर बिना एक सीढ़ी या विशेष उपसाधन के आसानी से चढ़ा जा सकता हो पर किसी अपदनामित व्यक्ति को चढ़ने से रोकने के लिए संगत भारतीय मानकों के अनुरूप पर्याप्त व्यवस्था करेंगें ।

स्पष्टीकरण : - इस विनियम के प्रयोजन के लिए रेल, पुन: प्रबलित सींमेंट कंक्रीट पोल तथा बिना सीढ़ी के पूर्व - दाबित सीमेंट कंक्रीट पोल, गोलाकार पोल, बिना पायदान के लकड़ी के स्पोर्ट, आई - सेकशन तथा चैनलों को स्पोर्ट के रूप में माना जाएगा कि जिन पर सहज रूप में ऊपर चढ़ा नहीं जा सकता है ।

बिजली गिरने के प्रति सुरक्षा –

जहां पर एक ओवहेड लाइन ,उपकेंद्र या उत्पादन केंद्र जिस पर बिजली गिरने का खतरा हो, का स्वामी/मालिक बिजली गिरने पर होने वाले वैद्युत प्रोत्कर्ष (सर्ज) को धरती में समाहित करने के लिए सक्षम साधन अपनाएगा जिसके कारण चोट लग सकती है ।

किसी भी तड़ित निरोधक (लाइटनिग अरेस्टर) के लिए भू - संपर्कन तार (अर्थिंग लीड) किसी लोहे या इस्पात पाइप के जरिये न गुजारा जाए बल्कि उसे जितना व्यवहार्य हो मोड़ से बचाते हुए 650 वोल्ट से अधिक वोल्ट से अधिक वोल्टता के उप - केंद्र के लिए पहले से प्रावधित अर्थ - मैट के एक पृथक लंबित भू - इलेक्ट्रोड या जंकशन के किसी भी मेटल हिस्से को बिना छूए लाइटनिग अरेस्टर से सीधा ही जोड़ा जाए ।

अप्रयुक्त ओवरहेड लाइनें : -

जहां पर एक ओवरहेड लाइन एक विद्युत सप्लाई लाइन के रूप में प्रयोग में नहीं लाया जाता है वहाँ पर उसका स्वामी/मालिक उसे विनियमों के अनुरूप एक सुरक्षित यांत्रिक स्थिति में अभिरक्षित रखे या इसे हटा ले । वैद्युत निरीक्षक इसके स्वामी/मालिक को एक लिखित

नोटिस के द्वारा उसे या तो इसके सुरक्षित यांत्रिक स्थिति में अभिरक्षण के निर्देश देगा या नोटिस मिलने की तारीख से तीन दिन के भीतर हटाने के लिए कहेगा ।

वितरण ट्रांसफार्मर हेतु अर्थिंग प्रणाली –

ट्रांसफार्मर अर्थिंग के लिए तीन अर्थिंग गड्डे बनाये जाते है । तीनों गड्डे सामान्यतः त्रिभुज के आकार में त्रिभुज के किनारों पर किए जाते हैं । एक गड्डा लाईटनिग अरेस्टरों की अर्थिंग के लिए, दूसरा गड्डा ट्रांसफार्मर के न्यूट्रल पॉइंट की अर्थिंग के लिए तथा तीसरा गड्डा ट्रांसफार्मर बॉडी व अन्य सभी स्ट्रक्चर की अर्थिंग के लिए होता है ।

नियमित रूप से न्यूट्रल अर्थिंग और अन्य सभी अर्थिंग की जांच करते रहें, और मिट्टी की रेसिस्टिविटी की समय – समय पर जांच करते रहें । अर्थिंग खराव/फेल होने की स्थिति में उस ख़राब अर्थिंग पॉइंट से डिस्चाजे करने में लाइन डिस्चार्ज नहीं होगी और असुरक्षा की स्थिति बनेगी । खराब अर्थिंग की पहचान अर्थ वायर में जाइंट होना, अर्थ वायर में जंग लगाना, रात के समय अर्थ वायर का गरम/लाल होना आदि हैं इन सभी कमियों को दूर करना अनिवार्य है जो दुर्घटनाओं का कारण न बने ।

22
प्राथमिक चिकित्सा -

प्राथमिक चिकित्सा –

प्राथमिक चिकित्सा का अर्थ है दुर्घटना के पश्चात डाक्टर आने तक रोगी की तकलीफ को कम करने के लिए किसी व्यक्ति के द्वारा क्या किया जाता है। यह एक मरणासन्न व्यक्ति को जीवन प्रदान कर सकती है।

प्राथमिक चिकित्सा अनुदेश –

1. रोगी को दुर्घटना स्रोत से अलग करें या चोट के कारण को हटाएँ
2. चोट लगे व्यक्ति को सुविधाजनक स्थिति में लिटाए रखें, उसका सिर उसके शरीर के स्तर/लेबल पर हो। यह बेहोशी के प्रति बचाव है। उसे कभी भी सिर तथा एड़ियों से पकड़ कर न उठाएँ।
3. गंभीर रक्त स्राव का इलाज तत्काल किया जाए इससे कोई फर्क नहीं पड़ता कि उसे कितनी चोट लगी है।
4. अगर सांस रुक गई है तो उसकी बहाली के लिए तत्काल उपाय करना अनिवार्य है। रोगी इस स्थिति में हो कि वह सांस खुल कर ले सके।
5. अगर रोगी को जलने की चोट है तो उनका इलाज किया जाए।
6. जब रोगी का हड्डी टूट जाए तो उसे हिलाने ढुलाने का तब तक कोई भी प्रयास न किया जाए, जब तक कि किसी अन्य कारण से उसके जीवन को कोई खतरा न हो।
7. शॉक के लिए रोगी का उपचार करें।
8. जहां पर संभव हो चिकित्सा सहायता या एंबुलेंस के लिए संदेश भेजे।
9. बेहोश व्यक्ति को जल या तरल पदार्थ कभी न दें।
10. रोगी के आस - पास भीड़ न लगने दें।
11. रोगी को अपनी चोट मत देखने दें।
12. रोगी को गरम रखें। बाहरी चीजों से गरम करने से बचें लेकिन शरीर का सामान्य तापमान बनाए रखें।
13. प्राथमिक चिकित्सा देने वाला व्यक्ति किसी भी हालत में अपने - आप एक डाक्टर की ड्यूटी तथा दायित्व का वहाँ मत करें।
14. जहां पर रोगी को रखा गया है, वहाँ खुली हवा आने दें।

बाहरी रक्त स्राव (खून बहना) –

1. खून बहते जख्मों का इलाज निम्नवत रूप से करें :-
2. खून बहते अंग को ऊपर उठायें, एक टूटे हुए अंग को छोड़कर।
3. खून बहते बिन्दु पर अगुंठे या उंगली से दबाएँ तथा अगर जख्म बड़ा है या उसमें कोई बाहरी तत्व अथवा टूटने की आशंका है तो हृदय की ओर जख्म के यथा संभव निकट जहां हो, हड्डी नीचे की ओर जाने वाली रक्त नलिका को दबाया जा सकता है 'दबाव बिन्दु' पर दाब करें।
4. जख्म को साफ करें तथा सारे जख्म और आस - पास की त्वचा पर एंटीसेप्टिक का लेप करें और एक सुखी पट्टी बांधें।

दबाव बिन्दु –

छः मुख्य दबाव बिन्दु हैं जहां पर एक हड्डी पर हाथ या उंगली का दाब डालकर धमनी रक्त स्राव को रोका जा सकता है।

रक्त स्राव रोकने के लिए एक्यूप्रेशर पॉइंट्स –

1. पीठ के समक्ष श्वान्स नली में गर्दन की ओर । इस क्षेत्र में दबाव से बेहोशी उत्पन्न हो सकती है या इससे भी गंभीर प्रभाव हो सकते हैं । इसलिए इस बिन्दु का उपयोग केवल अंतिम प्रयास के रूप में ही किया जाय ।
2. खोपड़ी के समक्ष बिलकुल कान के सामने ।
3. जबड़े के कोण से लगभग एक इंच आगे जहां से जबड़े की हड्डियों की एक बड़ी शाखा गुजरती हो ।

उपर्युक्त तीनों दबाव पॉइंट्स सिर तथा गर्दन की रक्त - वाहिनियों को नियंत्रित करते हैं ।

1. कालर - बोन के आंतरिक सिरे के पीछे पहली पसली के समक्ष नीचे ।
2. ऊपरी बाजू के शरीर की ओर, कंधे तथा कोहनी के बीच मध्य में ।

ये दोनों दबाव पॉइंट्स कंधों तथा बाजुओं के रक्त - वाहिनियों के नियंत्रित करते हैं ।

1. मध्य पेट में जैसे ही यह पेल्विक बोन से गुजरती है । यह दबाव पॉइंट नीचे के अंगों की रक्त - वाहिनियों को नियंत्रित करता है ।

आंतरिक रक्त स्राव –
फेफड़ों से खून बहना – लक्षण –

1. अगर खून फेफडों से बह रहा है तो खून चमकीला लाल तथा फेनदार होगा और खांसी से बाहर निकलेगा । अगर स्राव पेट से होता है तो खून भूरे रंग का होगा तथा उल्टी से निकलेगा ।
2. तुरंत डाक्टर के लिए संदेश भेजें, अगर रोगी को तत्काल औषधालय या अस्पताल ले जाना संभव न हो ।
3. रोगी को यथा संभव पीठ के बल सीधा लिटाए रखें । उल्टी या खांसी के लिए सिर को एक ओर घुमाएं।
4. अगर रक्त स्राव के स्थान का पता है तो उस जगह बर्फ की थैली या एक शीतल पट्टी का प्रयोग करें ।
5. फेफड़ों के अलावा जब मुंह से बर्फ दी जा सकती है, रक्त स्राव में मुख द्वारा कुछ न दें ।
6. रोगी का हौराला बढ़ाते रहें ।

नाक से रक्त स्राव (नकसीर) –

1. रोगी के सिर को पीछे झुका कर बिठाएँ तथा मुख से सांस लेने को कहें । उसके कालर का बटन खोलें या गर्दन के आस - पास कोई कसावट हो तो उसे दूर करें ।
2. नाक पर ठंडे पानी का प्रयोग करें तथा कालर के स्तर तक रीढ़ पर भी ठंडा पानी डालें ।
3. रोगी को कहें कि वह नाक न सिड़के ।
4. इन उपायों से अगर कुछ मिनटों में रक्त - स्राव नहीं रुकता तो तुरंत डाक्टर की जरूरत होती है । इस दौरान एक स्टरलाइज्ड स्ट्रिप को आराम से नासिका में डाल दें तथा उसका एक सिरा बाहर छोड़ दें ताकि उसे आराम से निकाला जा सके ।

बिजली के आघात/झटके से मृतप्राय व्यक्ति का इलाज/उपचार -
विद्युत आघात/झटके से मृतप्राय व्यक्ति को निम्न उपायों से बचाया जा सकता है : -

1. बहुत से हालातों में जबकि आदमी को बिजली का सदमा पहुँच जाता है, देखने में मृत प्रतीत होता है ऐसे हालातों में तुरंत कोशिश करके आदमी का जीवन नीचे लिखे उपायों से बचाया जा सकता है : -

नोट – नीचे लिखे डाक्टर, प्रभारी अधिकारी या निकतम अस्पताल जो भी पास में हो को खतरे के समय तुरंत सूचित करना/बुलाना चाहिए : -

क्रमांक - नाम - पता - मोबाइल/टेलीफोन
1 डाक्टर - - - - -
2 एंबुलेंस - प्रभारी अधिकारी, 108 एंबुलेंस सेवा

3 अस्पताल - प्रभारी अधिकारी निकतम अस्पताल

4 पुलिस - प्रभारी अधिकारी पुलिस नियंत्रण कक्ष

5 आग बुझाने वाले – प्रभारी अधिकारी फायर ब्रिगेड

6 बिजली घर/विद्युत आफिस - प्रभारी अधिकारी नियंत्रण कक्ष

बिजली आघात/झटका लगने के बाद तत्काल क्या करें : -

क - घायल आदमी को चालू निम्न दाब विद्युत उपकरण/लाइन से हटाएँ –

स्विच को बंद करके एवं प्लग निकालकर बिजली के उपकरण से संबंध को तोड़ देना चाहिए, यदि विद्युत तार से आघात लगा है, परंतु इंटरप्टर (स्विच, प्लग या फ्यूज) पास में न हो तो समय नष्ट नहीं करना चाहिए, अपितु लाइन कंडक्टर (बिजली के तार) से आदमी को शीघ्र ही निम्न उपायों से अलग आकर देना चाहिए –

(1) - घायल मनुष्य के शरीर को नंगे हाथ से नहीं छूना चाहिए, रबर के दस्तानों का प्रयोग करें। यदि रबड़ के दस्ताने न हों और घायल मनुष्य के कपड़े गीले न हो तो उसके कपड़े पकड़कर तार से अलग कर देना चाहिए। (2) - अपने कपड़े या कोई और सुखी वस्तु (बिजली की कुचालक) या समाचार पत्र इत्यादि की तीन तह/परत करके और गड्डी बनाकर शरीर को पकड़ लो और उसको सर्किट से अलग कर दो, लंबी सूखी लकड़ी भी शरीर को तार से हटाने या तारों को अलग करने के काम आ सकती है।

(3) - एक अच्छी युक्ति यह भी है कि सुखी लकड़ी के तख्ते पर समाचार पत्र की गड्डी पर या कपड़ों की गठरी पर खड़े हो जाओ एवं घायल के शरीर को कंधे से धकेल कर अलग कर दो।

ख - घायल आदमी को चालू उच्च दाब विद्युत उपकरण/लाइन से हटाएँ –

1. – उच्च दाब उपकरणों या लाइनों से आघात लगने पर तत्काल उच्च दाब उपकरण या लाइन को बंद करवायें, यदि बंद हो गयें हैं तो आपरेटर से तत्काल बात कर चालू न होने दें।
2. – घायल को हटाते समय स्वयं जूतें पहने रहें और सूखी जगह पर खड़े होकर स्वयं की सुरक्षा का पूरा ध्यान रखकर डिस्चार्ज रोड को उल्टा करके या सूखी लकड़ी के डंडे/सूखे बांस आदि से घायल आदमी को विद्युत उपकरण/लाइन से तत्काल दूर करें।

ग – घायल को हटायें - घायल को खतरे के स्थान से हटा लो।

घ - कपड़े बुझायें - जलते हुए कपड़े बुझायें लेकिन पानी डालकर नहीं, कंबल उड़ा देना, यदि घायल गंभीर नहीं है तो जमीन पर लेटकर आग बुझायें

इ - अस्पताल पहुंचायें –

1. यदि सांस चल रही है तो तुरंत अस्पताल भिजवायें।

यदि सांस नहीं चल रही है तो निम्नलिखित तरीके अपनाएं –

2. डाक्टर को तुरंत बुलाना चाहिए - किसी नजदीकी डाक्टर को तुरंत बुलाना चाहिए और जब तक डाक्टर न आये बनावटी (कृत्रिम) सांस देने की लगातार कोशिश करनी चाहिए।
3. होश में लाने की विधि – होश में लाने की विधि बनावटी (कृत्रिम) सांस देना है और लगातार कोशिश की जरूरत है। जब तक कि कोई डाक्टर यह न कह दे इसमें जान/जीवन नहीं है। उस दशा में जबकि सदमा पहुंचा हो तो मामूली सांस वापस लाने के लिए एक घंटा काफी होता है, परंतु सामान्य सांस वापस लाने के लिए तीन घंटे आवश्यक होते हैं।
4. डाक्टर के आने तक निम्न उपाय करें –

क - शरीर को किस तरह रखना चाहिए – तार को शरीर से अलग करके कपड़े ढीले कर देना चाहिए और शरीर को सूखी चटाई पर या सूखे फर्श या सूखी घास पर मुंह नीचे करके पेट के बल लिटा देना चाहिए।

(जब चोट (जलना) पीठ पर हो),।

ख - होश में लाने का पहला तरीका – इसे बाद बनावटी (कृत्रिम) सांस देने की विधि प्रयोग में लानी चाहिए। वह इस तरह कि पहले घायल मनुष्य के शरीर की कमर पर दोनों हथेलियाँ रखें, अंगुलियां पसलियों को छुएँ, अब सामने की ओर झुककर दबाव डालें। लगातार नीचे की ओर दबाव डालना चाहिए। इसके पश्चात घायल मनुष्य के शरीर पर से हाथ उठाये बिना ही अपने शरीर को पीछे की तरफ तक लाकर सारा

दबाव हटा लेना चाहिए। ऐसा करने से फेफड़े फैलेंगें एवं सिकुड़ेंगे। इसी प्रकार बिना देरी के एक मिनट में लगातार कम से कम 15 बार दबाव डालना व हटाना चाहिए जब तक कि ठीक तौर पर सांस न आने लगे। सांस वापस लाने के लिए हिम्मत से कोशिश करनी चाहिए, क्योंकि सामान्यत: जाहिरी (दिखावटी) मृत्यु के कुछ समय बाद ही सांस आती है। शरीर को गीले तोलिए से मलने या छुने से सांस वापस लाने में बहुत सहायता मिलती है।

ग – होश में लाने का दूसरा तरीका - यदि रोगी को पीठ के बल लिटाना आवश्यक हो तो सीने और पेट के कपड़ों को ढीला कर देना चाहिए, और किसी सूखी वस्तु की तह बना कर कंधों के नीचे इस तरह रखना चाहिए कि सिर नीचे को लटक जाये, इसके पश्चात घायल रोगी को इस प्रकार कि छाती ऊपर रहे (जब चोट (जलना) छाती पर हो) लिटाना चाहिए। अब रोगी के हाथ कोहनियों के नीचे पक्की तरह पकड़ कर रोगी की छाती की बराबरी से सीधे जमीन पर फैला देना चाहिए और दो सेकेंड के बाद दोनों हाथों को रोगी के सीने (छाती) पर रखकर रोगी पर झुककर दबाव देना चाहिए। इस प्रकार उक्त उपाय से एक मिनट में 15 बार दबाव डालना व हटाना चाहिए।

5. जीभ को सावधानी से पकड़ें – बनावटी (कृत्रिम) सांस जब दें रहें हों, और कोई भी दूसरा व्यक्ति उपस्थित हो तब दूसरा व्यक्ति रोगी की जीभ को पकड़कर रखे। जब सांस रोगी के अंदर जावे तब जीभ को थोड़ी अंदर जाने दें एवं जब सांस बाहर निकालें तब जीभ को थोड़ा बाहर खींचे रखें।
6. सावधानी से दबाव डालें – रोगी को सांस वापस लाने हेतु सीने या कमर/पीठ पर दबाव इतना अधिक न डालें कि अंदरूनी अंगों को नुकसान पहुंचे।
7. मुंह से बनावटी (कृत्रिम) सांस देना – जब घायल व्यक्ति को पीठ के बल लिटाया गया हो, तब घायल व्यक्ति को मुंह से उपचार कर्त्ता अपना मुंह लगाकर भी बनावटी (कृत्रिम) सांस दे सकता है। ऐसी स्थिति में उपचार कर्ता स्वयं नाक से हवा ले और मुंह से घायल को हवा दें।
8. होश में आने पर क्या करें – होश में आने पर रोगी के मांगने पर पानी पिलाया जा सकता है, जले अंगों पर क्रीम लगाई जा सकती है, रोगी को ठंडी से बचाएं एवं जल्द से जल्द अस्पताल पहुंचाएँ।
9. नशीली वस्तुओं से बचाव करना चाहिए – जब तक कोई डाक्टर सलाह न दे, नशे वाली कोई वस्तु या दावा प्रयोग में नहीं लाना चाहिए।
10. अच्छी प्रकार सोच विचार कर काम करने की आवश्यकता - यह विधि केवल उसी समय लाभदायक सिद्ध हो सकती है जबकि उसकी अच्छी जानकारी हो। बिजली के काम करने वालों को पहले से ही इन बातों को सीख लेना चाहिए और समय - समय पर इनका अभ्यास करते रहें ताकि दुर्घटना होने पर काम आये।

नोट - किसी भी दुर्घटना के बाद अपने प्रभारी इंजीनियर/अभियंता/जोन के प्रभारी अधिकारी को तुरंत सूचित करना चाहिए।
(उपरोक्त जानकारी फैक्ट्री एक्ट 1943 की धारा 2 के खंड (ड) के तहत प्रदर्शित)

23

शारीरिक झटका (फिजीकल शॉक)-

शारीरिक झटका (फिजीकल शॉक)-

स्थिति – सदमा (झटका) दुर्घटना या अचानक बीमारी के मामले में घटने वाली अक्समात अवसाद की मानसिक स्थिति है जो स्नायु तंत्र (नर्वस सिस्टम) से प्रभावित होती है । यह बेहोशी होने की मामूली सोच तथा गिर जाने, जिसमें शरीर के महत्वपूर्ण अंग इतने निर्बल/कमजोर हो जाते है कि इनके फलस्वरूप मौत भी हो सकती है, तक स्थिति अलग - अलग हो सकती है ।

लक्षण – शॉक के लक्षण हैं चेहरे तथा होठों का पीला होना, त्वचा पर ठंडा पसीना, तेज या मंद नब्ज, कम या अनियमित श्वसन - क्रिया, शरीर के तापमान में गिरावट, फैली हुई आँख की पुतलियाँ, मचली, उल्टी अक्सर हो जाती है ।

तत्काल कार्यवाही –

1. अगर गंभीर रक्त स्राव है तो उसे रोकें ।
2. रोगी को पीछे सिर करवा कर पीठ के बल लिटाएँ ।
3. गर्दन, छाती, कमर के आस - पास के कपड़े ढीले करें तथा मुक्त वायु देखें कि ताजा हवा आ सकती है ।
4. कंबल या कोट ओढ़ाएँ ।
5. नीचे के अंगों को उठाएँ ।
6. केवल सिर की चोट को छोड़कर नाक से नमक सुघाएँ ।
7. रोगी का हौसला बढ़ाएँ ।
8. उत्तेजना व चिंता मुक्ति सुनिश्चित करें तथा रोगी से अनावश्यक प्रश्न न पुछें ।
9. हवादार स्थान पर रोगी को ले जाएं ।

शेल्टर में आने पर –

क – रोगी को कंबल में लपेटें तथा टांगों और पैरों के शरीर के दोनों ओर गरम पानी की बोतलें रखें । बहुत अधिक गर्मी खतरनाक हो सकती है । तापित (गरम) वस्तुओं के तापमान की सदैव परीक्षा अपने चेहरे या मुट्ठी पर करें तभी उसे कपड़े या कागज में लपेटें ।

ख - अगर रोगी खा - पी सकने की स्थिति में है तो उसे ज्यादा चीनी डालकर चाय व काफी दें, लेकिन अगर किसी आंतरिक अंग में चोट है या आशंका है तो ऐसा न करें । बेहोश व्यक्ति के गले में कोई तरल पदार्थ न उड़ेलें । अल्कोहल युक्त शक्तिवर्धक पदार्थ न दें ।

बेहोशी –

रोगी के सिर को उसके घुटनों के बीच झुकाएँ । गले के आस - पास के कपड़े ढीले करें । पीड़ित के सिर को झुकाना अगर संभव न हो, तो उसके नीचे अंगों को सीधा ऊपर उठाए तथा उसे तब तक लिटाए रखें जब तबीयत सुधरना सुनिश्चित न हो जाए । अगर बेहोशी बनी रहती है रोगी को ढक कर डाक्टर को बुलाए ।

चेहरे पर बारी - बारी से गरम तथा ठंडे पानी के छीटें मारें तथा पेट की नाभि में तथा हृदय के ऊपर सेंक करें । ऊपर की ओर ज़ोर - ज़ोर से रगड़ने पर शक्तिवर्धक प्रभाव होते हैं । नाक पर सूंघने का नमक रखा जा सकता है ।

सन स्ट्रोक एवं हीट स्ट्रोक –

सन स्ट्रोक तथा हीट स्ट्रोक के लक्षण एक जैसे ही हैं, लेकिन कारण थोड़े बहुत भिन्न हो सकते है । सन - स्ट्रोक सूर्य की किरणों के सीधे ज्यादा मात्रा में पड़ने के फलस्वरूप होता है, जबकि हीट स्ट्रोक का कारण अधिक अंतरण ऊष्मा जैसा बायलर रूप में होता है ।

लक्षण – लाल व चमकदार चेहरा, गरम एवं शुष्क त्वचा, कोई भी पसीना नही, त्वरित एवं सुदृढ़ नब्ज, बहुत अधिक बुखार, सिर दर्द तथा प्राय: बेहोशी ।

उपचार – तत्काल डाक्टर बुलाएँ, सिर ऊंचा करके पीड़ित को लिटाएँ । लगातार शरीर पर शीतल जल की पट्टी लगाएँ तथा सिर पर और रीढ़ पर तब तक बर्फ की थैली रखें जब तक लक्षण समाप्त न हो जाते । जब होश आ जाए रोगी को पानी के साथ एपसम या ग्लोबार साल्ट दिया जा सकता है । बड़ी मात्रा में ठंडा पानी पिलाएँ ।

ताप थकावट –

कारण – प्रत्यक्ष सूर्य की किरणें या अधिक अंतरंग ताप मिलने से ताप थकान होती है ।

लक्षण – पीला चेहरा, ठंडी चमड़ी, ठंडा पसीना, कमजोर नब्ज, निम्न तापमान तथा बेहोशी ।

उपचार – रोगी का सिर नीचे की ओर रखें, नमकीन पानी दें । काफी या चाय भी दी जा सकती है । गंभीर मामलों में बाहरी ताप की भी जरूरत हो सकती है ।

हड्डी का टूटना –

जब तक नितांत जरूरी न हो रोगी को न हिलाएँ । दुर्घटना स्थल पर ही डाक्टर को बुलाएँ । अगर रोगी को ले जाना जरूरी हो तो सदैव उसे ले जाने से पूर्व कमठी का प्रयोग करें । हड्डियों के नुकीले टुकड़े कहीं मांस को न काट दें इसके लिए सावधानी बरतें ।

रोगी का परिवहन –

एक चोट ग्रस्त व्यक्ति को ले जाने में शीघ्रता न करें । एक चोट ग्रस्त व्यक्ति को उठाने या परिवहन में सदैव सतर्कता बरतें । अनुचित व असावधानी से अक्सर चोट बढ़ जाती है तथा यह मौत का कारण भी बन सकती है । उठाने तथा परिवहन की विभिन्न पद्धतियों से अपने आप को अवगत करवाएँ ।

जलना –

किसी प्रकार के ताप , घर्षण तथा एसिड (अम्ल) और अल्कली जैसे रसायनों द्वारा जलन हो सकती है । जलन की चोट को उनके अनुसार निम्नवत रूप से वर्गीकृत किया गया है । -

क – प्रथम डिग्री – त्वचा का लाल होना ।

ख – दूसरी डिग्री – त्वचा का छिल जाना ।

ग – तीसरी डिग्री – झुलसना और तंतुओं का गहरे रूप में नष्ट हो जाना ।

24

विद्युत जलन -

विद्युत जलन –

विद्युत जलन दो प्रकार की हो सकती है : -

क - जब करेंट शरीर से गुजरता है, जलाता है या जाते - जाते तंतुओं का विनाश करता है, यह तीसरी डिग्री का गहरा जख्म बनाता है जो ऊपर तो छोटा हो सकता है लेकिन नीचे बड़ा जिसके तथा भरने में काफी समय लगता है ।

ख - त्वचा की फ्लैश जलन प्राय: गहरी नहीं होती तथा यह प्रथम डिग्री या दूसरी डिग्री की होती है आखों की फ्लैश जलन तब तक दिखाई नहीं देती जब तक कुछ समय नहीं बीत जाता है । आखों की फ्लैश जलन के प्राथमिक उपचार में एक बैंडेज के साथ एक गीली पट्टी को ढीला बांध करके प्रकाश को आँख पर पड़ने से रोका जा सकता है ।

ग - आँख की जलन में यथा संभव शीघ्र डाक्टर का परामर्श/सलाह लेना जरूरी होता है ।

घ - प्राथमिक चिकित्सा देने वाले की ड्यूटी है - दर्द से आराम देना । इन्फेक्शन से बचाना तथा शॉक के लिए उपचार करना । जलन के एक या दो दिन के बाद मृत्यु अक्सर शॉक का परिणाम होती है । बाद में हुई मृत्यु अक्सर इन्फेक्शन का परिणाम होती है ।

ङ- थोड़ी सीमा तक की जलन के लिए जले हुए हिस्से पर बेसलीन या जलन क्रीम आदि लगाना, लगाए गए लेप को रोलर बैंडेज बांध कर स्वच्छ पट्टी की एक दो तह से ढकें और इलाज के लिए रोगी को डाक्टर के पास ले जाएं ।

च- ज्यादा जलन बहुत अधिक गंभीर हो सकती है । शॉक सदैव विद्यमान रहता है । पीड़ित को सिर नीचा करके लिटाए रखें तथा हवा या ठंड लगने से बचाएं । उसके कपड़ों को न हटाएँ, कंबल से उसे ढक कर यथा शीघ्र जितनी शीघ्र आप पहुंचा सकते हैं, उसे अस्पताल ले जाएं ।

अगर अस्पताल नजदीक नहीं है, जले हुए अंग के टुकड़े अगर त्वचा पर चिपके न हों, तो सभी ढीलें कपड़ों कों हटा दें । जले हुए भाग के चारों ओर चिपके कपड़ों को छोड़कर बचे हुए कपड़ों को काट दें शेष डाक्टर के द्वारा हटाने के लिए छोड़ दें ।

छालों को न फोड़े । ताजी धुली हुई चादर की पट्टियों को बेकिंग सोडा या एप्सम साल्ट के गर्म पानी में बनाए घोल में डुबो कर जले हुए भाग पर रखें ।

25

रासायनिक जलन -

रासायनिक जलन –

एसिड या अल्कली के कारण जलन के जख्म को तत्काल बड़ी मात्रा में पानी डालकर तब तक धोते रहना चाहिए जब तक रसायन पूर्ण रूप से घुल नहीं जाता। तब लेप लगाकर पट्टी करें और चिकित्सा सहायता के लिए भेजें।

आँख की चोट –

स्वच्छ पट्टी या रुमाल के किनारे से दिखाई दे रहे कणों को हटाया जा सकता है। अगर कण को सहज रूप में नहीं हटाया जा सकता है, तो खुजली दूर करने के लिए आलिव/ईस्टर आयल की कुछ बूंदें डालें तथा तत्काल डाक्टर से परामर्श करें।

अगर आँख की पुतली में कोई बाहरी कण घुस गया है तो उसे हटाने का प्रयास न करें। आँख की पुतली पर केस्टर/मेडीकल पेराफीन आयल की बूंदें डालें, आँख की दोनों पलकें बंद करें, रुई की एक नर्म गद्दी तैयार करें तथा उसे आँख पर तब तक बाँधें जब तक चिकित्सीय सहायता प्राप्त नहीं हो जाती है।

यदि चूना या एसिड अथवा अल्कली आँख में पड़ गया है तो आँख को ताजे पानी से धोएँ तथा तत्काल डाक्टर से परामर्श करें।

मोच आना या दब जाना –

मोच आना – किसी जोड़ के मुड़ जाने या उस जोड़ की सामान्य सीमा क्षेत्र से ज्यादा मरोड़ने के कारण चोट आम बात है। इसके कारण जोड़ के आस - पास के तन्तु टूट कर खिच जाते हैं। इस कारण दर्द, शोथ तथा जोड़ के रंग में तब्दीली आ सकती है।

उपचार –

क – अंग को अत्याधिक आरामदायक स्थिति में रखें तथा उसको हिलने - डुलने से बचाएं।

ख – अंग पर एक पक्की तथा अनुमोदित पट्टी बाँधें।

ग – बैंडेज को ठंडे पानी में भिगोएँ तथा डाक्टर से परामर्श करें।

दबाब – अधिक दबाब या अधिक थकान के कारण मांस - पेशियों के खिंचाव से चोट आती है।

उपचार –

क - रोगी को पूर्ण आराम करने की सलाह दें।

ख - धीरे - धीरे सेंक एवं मालिश करें।

खरोंच –

खरोंच का कारण एक चोट लगाना होता है जिसको त्वचा के नीचे तन्तु में लघु खंड कोशिका फट जाती हैं। बर्फ या बहुत ठंडे पानी में भीगी पट्टी का तत्काल प्रयोग करें। इससे त्वचा के रंग बिगड़ने, सूजन कम करने तथा दर्द खत्म होने में सहायता मिलती है।

बिजली के शॉक का उपचार –

हमेशा याद रखें : -

क – तुरंत कार्यवाही करें – विलंब घातक होता है।

ख – बिजली के झटके से तत्काल मृत्यु शायद ही कभी होती है।

ग – एक बिजली के झटके के पश्चात दिल की धड़कने (हृदय की मांस - पेशियों में कंपकपाहट) 30 मिनट तक बनी रहती है। इसलिए तत्काल कृत्रिम श्वसन क्रिया से जिंदगी को बचाया जा सकता है।

घ - डाक्टर को बुलाएँ लेकिन डाक्टर का इंतजार न करें।

ङ- मृत्यु जान पड़े तो भी चार घंटे तक कृत्रिम श्वसन क्रिया को जारी रखें।

संपर्क से छुड़ाना –

करेंट का स्विच तत्काल बंद करें या किसी को ऐसा करने के लिए कहें। उच्च वोल्टता करेंट से चिपके व्यक्ति को तब तक छुड़ाने का प्रयास न करें जब तक यह पता न हो कि प्रणाली वोल्टता के लिए उपयुक्त वस्तुओं का विद्युत रोधन का प्रयोग इस प्रयोजन के लिए किया गया है। जब निम्न या मध्यम वोल्टता से चिपके व्यक्ति को बल से हटाने का प्रयास किया जा रहा हो, तो रबड़ के दस्तानों, जूतों, मैट या विद्युत रोधक छड़ी का प्रयोग करें। यदि यें चीजें उपलब्ध नहीं हैं तो रस्सी, टोपी या कोट के फंदे का प्रयोग करें। जिस चीज का भी प्रयोग किया जाए वह शुष्क हो तथा उसमें विद्युत का संचार/प्रवाह न हो।

छुड़ाने के पश्चात –

जैसे ही पीड़ित को संवाहक (जिसमें बिजली बह रही है) से छुड़ा लिया जाता है, उसके मुख से या गले में त्वरित रूप से उंगली डालें तथा कोई भी बाहरी वस्तु (तंबाखू, कृत्रिम दाँत आदि) अगर कोई हो तो निकाल दें। तब कृत्रिम श्वसन क्रिया शुरू करें। पीड़ित के कपड़े ढीले करते हुए भी इस क्रिया को न रोकें क्योंकि विलंब का प्रत्येक क्षण गंभीर होता है। रोगी को गरम रखें।

26

कृत्रिम श्वसन क्रिया -

कृत्रिम श्वसन क्रिया –

प्राय: अपनाई गई कृत्रिम श्वसन क्रिया की विभिन्न पद्यतियों का विवरण निम्नानुसार दिया गया है, जो केवल सामान्य जानकारी के लिए है तथा भारतीय विद्युत नियमावली, 1956 के नियम 44 के अनुरूप संबन्धित क्षेत्र में वास्तव में अनुपालन पद्यति को तब्दील करने के लिए नहीं है ।

शेफर की पद्यति को कृत्रिम श्वसन क्रिया के लिए सबसे ज्यादा प्रयोग में लाया जाता है तथा कृत्रिम श्वसन के लिए कुछ और अन्य पद्यतियाँ हैं जो प्रयोग में लाई जा रहीं हैं, इनका वर्णन यहाँ किया गया है । हाल ही के वर्षों में, कई देशों ने अधिक सक्षम पद्यतियों को अपना लिया है, तथापि शेफर की पद्यति का लाभ यह है कि इसके प्रयोग में किसी उपकरण या उपस्कर की अपेक्षा नहीं होती और इसकी निष्पत्ति में बहुत कम थकान होती है ।

बचाने वाले की प्रथम कार्यवाही यह है कि जैसे ही वह पीड़ित के पास पहुंचे वह उसे सक्रिय (चालू) सर्किट से अलग करे । चाहे रोगी मृत प्रतीत होता हो, फिर भी कृत्रिम श्वसन - क्रिया की विभिन्न पद्यतियों में दिये गए अनुदेशों का पालन करें ।

अगर मुख सख्ती से बंद है उसकी तरफ तुरंत अधिक ध्यान दें । कपड़ों को ढीला करने के लिए न रुकें लेकिन वास्तविक श्वसन क्रिया को चालू रखें । विलंब का प्रत्येक क्षण विकट होता है ।

संबंधितों को सलाह दी जाए कि यथा संभव जितना अधिक हो सके, कृत्रिम श्वसन क्रिया की पद्यतियों का अध्ययन करें और समुचित मार्ग दर्शन में उनका अभ्यास करें ।

(1) – शेफर का प्रोन प्रैशर मैथड –

रोगी को पेट के बल लिटाएँ एक बाजू को सीधे सिर के ऊपर से आगे बढ़ाएँ तथा दूसरी बाजू को कोहनी पर मोड दें तथा चेहरे को बाहर की तरफ मोड़े जो दूसरे हाथ या बाजू पर रखा हो, ताकि नाक तथा नासिकाएँ सांस लेने के लिए उन्मुक्त रहें ।

अपने घुटनों को रोगी के कूल्हे की हड्डियों से दूर रखते हुए उसकी जांघों को गूँथने की तरह दबाएँ, । हाथ की हथेली को पीठ पर पसलियों पर उँगलियों को टेंकते हुए रखें, अनामिका निम्नतम पसली को अवश्य छुए, अंगूठा तथा अंगुलियाँ एक स्वाभाविक स्थिति में हों तथा उँगलियों का अग्र भाग दिखाई न दे ।

बाजुओं की सीधे पकड़े हुए, आगे की ओर लहराएँ ताकि आपके शरीर के भार को धीरे - धीरे रोगी द्वारा सहन योग्य बनाया जा सके । आगे लहराने के अंत में कंधा हाथ की हथेली पर सीधा आए । अपनी कोहनियों को न मोड़े । यह कार्यवाही लगभग दो सेकेंड का समय लेगी ।

नोट - दबाव बहुत अधिक नहीं होना चाहिए तथा वह रोगी के आकार तथा शारीरिक संरचना के अनुसार हो । दबाव धीरे - धीरे डालें अक्समात नहीं । अब तुरंत पीछे की ओर लहराएँ ताकि दबाव एकदम समाप्त हो जाए ।

दो सेकेंड बार दुबारा लहराएँ इस प्रकार एक मिनट में 12 से 15 बार इस क्रिया को दोहराएँ और दबाव तथा दबाव मुक्ति को दोहरा करें, 4 या 5 सेकेंड में एक श्वसन क्रिया होगी ।

जैसे ही यह कृत्रिम श्वसन क्रिया शुरू की जाती है, जब यह जारी रखी जा रही है, एक सहायक उस दौरान रोगी के गले, छाती या कमर पर कसे वस्त्रों को अगर कोई हों ढीला करेगा । रोगी को गर्म रखें । कोई भी तरल पेय जो भी हो मुख से तब तक न दें, जब तक रोगी को पूरा होश नहीं आ जाता ।

जब रोगी पुन: चेतना प्राप्त कर लेता है, उसके हृदय पर दबाव से बचाने के लिए उसे लिटाएँ रखें तथा खड़े होना या बैठने की अनुमति न दें । रोगी को चेतना लौटाने पर डाक्टर नहीं आता है, कुछ शक्तिवर्धक जैसे कि एक गिलास पानी में एक चाय का चम्मच एरोमेटिक स्प्रिट ऑफ अमोनिया या काफी या चाय आदि का गर्म पेय दें ।

प्राकृतिक श्वसन क्रिया का थोड़े समय के लिए लौट आना कृत्रिम श्वसन क्रिया को रोकने के लिए एक निश्चित संकेत नहीं है । बार - बार तो नहीं, लेकिन रोगी श्वसन क्रिया की अस्थायी बहाली के पश्चात सांस लेना दोबारा बंद कर देता है । रोगी पर निगरानी रखी जाए तथा अगर प्राकृतिक श्वान्स रुकती है, तुरंत कृत्रिम श्वसन क्रिया शुरू की जाए ।

कृत्रिम श्वसन क्रिया करने के लिए यह आवश्यक हो जाता है कि कर्ता को बदला जाए । परिवर्तन श्वसन क्रिया में बिना अवरोध के किया जाए । इस प्रक्रिया द्वारा कर्ता के बदलने के परिणाम स्वरूप किसी तरह की शंका नहीं रहती तथा नियमित क्रिया बनी रहती है ।

(2) – सिलवर्टर मैथड (आर्म लिफ्ट चेस्ट प्रैशर मैथड)

इस पद्यति में रोगी को पीठ के बल लिटाया जाता है । उसके बाजुओं को कलाईयों से पकड़ा जाता है तथा पहले ऊपर की ओर ले जाया जाता है तब बाद में सिर के ऊपर जब तक वे फर्श को छु नहीं लेती हैं, तब उन्हें वापस छाती तक वापस लाया जाता हैं तथा दबाव को निचले ओर की दिशा में बढ़ाया जाता है, इसका मुख्य दोष यह है कि जुबान जो हड्डी रहित होती है श्वान्स की कमी में अपनी ताकत को खो देती है, पीछे गिरने लगती है तथा 50 प्रतिशत मामलों में श्वान्स नली में अवरोध उत्पन्न कर देती है, जिस कारण गला रुंध हो जाता है । इसलिए दूसरे कर्ता को उसकी जुबान बाहर खींचकर पकड़े रहना होता है । लेकिन कभी - कभी दूसरा कर्ता उपलब्ध नहीं हो सकता है तथापि, अगर कंधों के पीछे एक मोती गद्दी रख दी जाए ताकि सिर नीचे की ओर लटक कर पड़ा रहे तो जबान रोध उत्पन्न करती प्रतीत नहीं होती है ।

(3)- ईविका राकिंग मैथड –

इस पद्यति में रोगी को एक स्ट्रेचर पर सिर झुकाकर सीधा लिटा दिया जाता है । तथा उसके हाथों को कसकर स्ट्रेचर के फ्रेम से बांध दिया जाता है । इस स्ट्रेचर को 45 डिग्री ऊपर टेड़ा करके बार - बार हिलाया - डुलाया जाता है । इस प्रकार के हिलाने - डुलाने वाले विशेष स्ट्रेचर उपलब्ध नहीं होते हैं । तथापि, इस प्रयोजन के लिए हल्के दो पहिया हाथ गाड़ी को प्रयोग करना शायद संभव हो सकता है । तथा इस पद्यति की अजमाइस की जा सकती है । बच्चों के मामले में इस पद्यति का इस्तेमाल सरलता से किया जा सकता है ।

कर्ता अपने हाथों में बच्चे को उठाकर इस तरीके से झुलाता है । यह दावा किया जाता है कि झुलाना जो इस पद्यति में विशिष्ट तत्व है शरीर में तथा मस्तिष्क में खून के संचार को प्रेरित करता है । जिससे शीघ्र सचेत होने में सहायता मिलती है ।

(4)- हिप लिफ्ट बैक प्रैशर मैथड –

यद्यपि इस पद्यति में यह कमी है कि यह कर्ता को बहुत अधिक थका देती है तथा अगर पीड़ित का वजन भारी है तो इसका प्रयोग मुश्किल होता है । यह लाभदायक है जब पीड़ित को चोट शरीर के ऊपरी हिस्से में – छाती, गर्दन, कंधों या बाजू पर लगी हो या जहां पर स्पेसर की कमी के कारण आर्म लिफ्ट बैक प्रैशर पद्यति का प्रयोग कठिन है ।

पीड़ित का सिर एक ओर करके हाथ को कोहनी से मोड़कर एक उल्टे हाथ पर रख कर सीधा लिटाएँ । दूसरे बाजू को सीधा करें ताकि हाथ सिर से ऊपर हो । पीड़ित को उसकी जांघ के स्तर पर पैर फेला दें, अपने एक घुटने को मोड़ें तथा अपना दूसरा पैर मुड़े हुए घुटने के विपरीत उसकी जांघ के निकट धरातल पर रखें ।

अपना हाथ उसकी पीठ के मध्य में दोनों कंधों की हड्डियों के बीच रखें, अपनी उँगलियों को नीचे की ओर तथा बाहर की ओर फैलाए तथा अंगूठे लगभग छू रहे हों । अब आगे की ओर झूलें तथा अपने शरीर का वजन धीरे - धीरे डालें जब तक इसका प्रतिरोध न हो ।

दबाव को जल्दी खत्म करें, अपने हाथ पीड़ित की पीठ से हटा लें, पीछे की ओर झूलें तथा अपनी उँगलियों को कूल्हे की हड्डियों के नीचे डालें (कमर पर नहीं) । उसके कूल्हे को 15 से 15 सेंटीमीटर उठाएँ । अपनी बाजुओं को सीधा रखकर तथा उठाने की क्रिया को सुविधाजनक बनाने के लिए अपनी कोहनियों को न मुड़ने दें । इस तरह उठाने से फेफड़ों में वायु चली जाती है ।

पीड़ित के कूल्हों को नीचे करें, इस तरह चक्र पूरा हो जाता है । एक मिनट में लगभग 12 चक्र पूरे होते हैं, यदि दूसरा व्यक्ति उपलब्ध है, तो वह लिफ्ट पूरा होने पर एक फेज के बाद कार्य भार संभाल सकता है ।

(5)- आर्म लिफ्ट बैक प्रैशर मैथड –

इसको डेनमार्क में नील्सन की पद्यति कहा जाता है तथा इसमें आशोध न्यू एस ए केप्रो डिंकर द्वारा किया गया है । पीड़ित दोनों बाजुओं को बांधकर फैलकर लेटता है तथा हाथ सिर के नीचे एक दूसरे पर रखे होते हैं । बाजुओं को कोहनी से ऊपर कस कर पकड़ा जाता है तथा जब तक कड़ाई से प्रतिरोध नहीं होता तब उन्हें उठाया जाता है । इससे सक्रिय प्रेरणा संचारित होती है । तब उन्हें नीचे जाने दिया जाता है तथा पीठ पर दबाव बढ़ाया जाता है । जिससे सक्रिय श्वसन होता है ।

इस पद्यति में सुधार निम्नवत क्रम में होता है : -

क – अवस्था -1– पीड़ित को सीधा लिटाएँ (अर्थात चेहरा नीचे की ओर), उसके बाजू बधें हों, एक हथेली पर दूसरी हथेली हो, तथा गाल उन पर रखें हों । एक या दोनों घुटनों पर पीड़ित के सिर पर झुकें । अपने हाथों को पीड़ित की पीठ पर बगलों की रेखा से आगे अपनी उँगलियों को बाहर की ओर तथा नीचे की ओर फैलाएँ, अंगूठे ठीक एक दूसरे को छू रहे हों ।

ख – अवस्था -2– तब आराम से बाजुओं को सीधा रखकर तब तक आगे की ओर झूलें जब तक वे लंबित के समान न हो जाएँ । शीघ्रता से पीड़ित की पीठ को दबाएँ, इससे श्वसन पूरा हो जाता है ।

ग -अवस्था –3- उक्त क्रियाओं के साथ तालमेल करते हुए, पीछे की ओर झूलें, दबाव कम करते हुए तथा अपने हाथों को पीड़ित की बाजुओं के साथ नीचे की ओर घसीटें तथा उसके ऊपरी बाजुओं को ठीक कोहनी से ऊपर कस कर पकड़ें। पीछे झूलना जारी रखें।

घ – अवस्था – 4 - जैसे ही आप पीछे झूलते हैं, शांति से पीड़ित की बाजू अपनी ओर खीचें, ऐसा तब तक करें जब तक आप उसके कंधों में तनाव महसूस न करें, इससे उसकी छाती फ़ैल जाएगी तथा इस से श्वसन शुरू हो जाएगा। चक्र पूरा करने के लिए पीड़ित की बाजू को नीचा करें तथा प्रारम्भिक अवस्था के लिए अपना हाथ बढ़ाएँ। इस पद्यति को सर्वोत्तम माना गया है, अधिक चुनिन्दा होने के कारण सरलता से इसे सिखाया जा सकता है तथा बहुत अधिक सरलता से इसका इस्तेमाल किया जा सकता है।

(6)- पोल टॉप मैथड़ –

जब एक व्यक्ति को बिजली का शॉक लगता है तो यह अत्यधिक महत्वपूर्ण है कि बिना कोई समय गवाएँ कृत्रिम श्वसन क्रिया शुरू कर दी जाए। प्रथम कुछ मिनटों को न गंवाया जाए। इसकी जरूरत को समझते हुए यू एस ए में जहां पर बड़ी मात्रा में सक्रिय लाइन पर काम होता है, पोल टॉप मैथड़ नामक कृत्रिम श्वसन क्रिया पद्यति का विकास किया गया है। शॉक पीड़ित व्यक्ति अपना सेफ़्टी बेल्ट पर लटकता होगा तथा उसका बचाव कर्ता पोल पर चढ़ रहा होता है। पीड़ित को अपनी सेफ़्टी बेल्ट से सहारा देते हुए अपने दोनों हाथों से पीड़ित के शरीर के निचले हिस्से को लय के साथ दबाता रहता है, जब उसे भूमि पर उतारा जाता है। तब उसे किसी अन्य प्रभावी पद्यति पर तब्दील कर दिया जाता है। इस पद्यति के अनेक सफल मामलों की सूचना प्राप्त हुई हैं। इसलिए श्वसन क्रिया शुरू करने में समय व्यर्थ न करने की आवश्यकता की समझ के बारे में और बताने की जरूरत नहीं है।

(7)- माउथ – टू – माउथ मैथड –

इस पद्यति में पीड़ित को पीठ के बल लिटाएँ। अगर संभव हो तो उसका सिर कुछ नीचे की ओर हो। एक तह किया गया कोट या ऐसी ही किसी वस्तु को कंधों के नीच रखकर समुचित स्थिति बनाएँ रखने में सहायता मिलेगी। सिर को वापस झुकाएँ ताकि ठोढ़ी बिन्दु ऊपर सीधी हो सके।

पीड़ित के जबड़े को इस तरह पकड़ें तथा इसे तब तक उठाएँ जब तक नीचे के दाँत ऊपरी दांतों से ऊपर न हो जाएँ या कनपटी के निकट जबड़े के दोनों ओर उँगलियां डालें तथा ऊपर की ओर खीचें। वायु मार्ग अवरुद्ध न हो, जबान को रोकने के लिए समूची श्वसन क्रिया अवधि के दौरान जबड़े की स्थिति बनाए रखें।

लंबी सांस खींचकर एयर टाइट संपर्क बनाने के लिए अपना मुख पीड़ित के मुख पर रखें पीड़ित की नाक को चुटकी से, अंगूठे एवं उंगली से बंध करें या नासिका को अपने गाल उस पर दबाकर बंद करें। अगर आपको सीधे संपर्क में कोई झिझक हो तो अपने तथा घर्षण के बीच महीन कपड़ा रख लें। अगर कोई शिशु है तो अपना मुख उसके मुख तथा नाक पर रखें।

पीड़ित के मुख में हवा भरें (अगर शिशु है तो धीरे - धीरे) जब तक छाती फूल न जाए, अपना मुख हटा लें तथा उसे सांस छोड़ने दें। अपना सिर इस तरह से मोड़ें कि बाहर निकलती सांस की आवाज सुनाई दे। पहली 8 से 10 साँसे तीव्र होंगी क्योंकि पीड़ित उस पर अपनी अनुक्रिया देगा। तत्पश्चात इसे कम करके एक मिनट में 12 बार (अगर शिशु है तो 20 बार) कर देना होगा।

याद रखने योग्य बातें –

क – अंदर हवा नहीं फुकी जा सकती, पीड़ित के सिर एवं जबड़े की स्थिति की जांच करें तथा अवरोध के लिए मुख की पुन: जांच करें, तब बल पूर्वक पुन: जांच करें। अगर फिर भी छाती नहीं फूलती, पीड़ित के चेहरे को नीचे की ओर घुमाएँ तथा अवरोध हटाने के लिए पीठ पर ज़ोर - ज़ोर से थपथपाएँ।

ख – कई बार वायु पीड़ित के पेट में प्रवेश कर जाती है जो पेट पर सूजन से देखी जा सकती है। सांस बाहर निकलने की अवधि के दौरान धीरे - धीरे पेट को दबाएँ।

कार्यवाही की अवधि –

सभी पद्यतियों में एक समुर्ण श्वसन चक्र की दर प्रति मिनट 12 से 15 बार है। जब पीड़ित अपने आप सांस लेना शुरू कर देता है तब कार्यवाही को प्राकृतिक श्वसन क्रिया के तालमेल बैठाया जाए जब तक कि वह दृढ़ साँसे लेना जारी नहीं कर देता है।

वैकल्पिक पद्यति सीखने की सलाह –

सभी पद्यतियों को यह सलाह देना उचित है कि वे यह जानें कि एक से अधिक पद्यतियां किस तरह इस्तेमाल होती हैं, क्योंकि जब चोटें गिरने से या जलने से आती हैं, अनेक पद्यतियाँ लागू किए जाने के लिए सक्षम नहीं रह जाती। आर्म – बैक - प्रेशर मैथड के बाद हिप – लिफ्ट -बैक पद्यति बेहतर है तथा इसे अपनाया जा सकता है। रोकिंग मैथड को भी सीखा जा सकता है तथा विशेष मामलों में प्रयोग में लाया जा सकता है।

27

अग्नि बचाव तथा आग बुझाने के यंत्र -

अग्नि बचाव तथा आग बुझाने के यंत्र –

विद्युत ऊर्जा का एक स्वच्छ रूप है, जिसका उत्पादन, पारेषण, वितरण एवं संरक्षण सावधानी पूर्वक मानकों के अनुरूप न किया जाए तो आगजनी का कारण भी बन सकता है । विभाग/कंपनी अंतर्गत क्षेत्रीय भंडारों में विभिन्न सामग्रियों का भंडारण किया जाता है । जहां यदि समुचित सावधानी न बरती जाए तो अग्निकांड हो सकते हैं । इसी प्रकार उपकेन्द्रों/सब -स्टेशनों/पावर हाउसों पर भी उपकरण ऊर्जायित होते हैं एवं जरा सी असावधानी दुर्घटना का कारण बन सकता है । अतः विभाग/कंपनी अंतर्गत संवेदनशील भवनों/उपकरणों/भंडारों में पर्याप्त संख्या में अग्निशामक यंत्रों का भंडारण सुनिश्चित किया जाना चाहिए ।

अग्नि की किस्में –

यूरोप और अमेरिका (यूएसए) के मानकों के अनुसार अग्नि को पाँच वर्गों में वर्गीकृत किया गया है, वर्ग ए की अग्नि के लिए जल को माध्यम के रूप में प्रयोग किया जाता है । वर्ग बी, वर्ग सी, तथा वर्ग ई अग्नि के लिए जल उपयुक्त नहीं होता है । इस वर्ग के लिए अग्निशामक का माध्यम नीचे दर्शाया गया है । :-

अग्नि वर्ग, सम्मलित ज्वलनशील पदार्थ, अग्निशमन का माध्यम -

वर्ग - ए - अग्नि

लकड़ी, कोयला, प्लास्टिक, कपड़े, कागज, कचरा, कूड़ा, निर्माण तथा पैकिंग सामाग्री, रबड़ जैसी साधारण ठोस सामाग्री वाली अग्नि ।

जल या अधिक मात्रा जल वाले घोल । सामाग्री को प्रशीतित (ठंडी) करने या भिगोने से अग्निशमन में सहायता मिलती है ।

वर्ग - बी -अग्नि

ज्वलनशील द्रव्यों/वाष्प/मिश्रक, तरल रसायन स्नेहन (चिकने) तेल, पेंट/वार्निश/थिनर/ग्रीज, डिब्बा बंद या खुली सामाग्री वाली अग्नि

वायु या ऑक्सीज़न सप्लाई को परिसीमित करना, अग्निज्वालक सूखे रसायनों, झाग, हेलोन का निषेध, जल उपयुक्त नहीं है ।

वर्ग - सी - अग्नि

ऊर्जायित अवस्था में सक्रिय वैद्युत उपकरण से आग । अगर उपकरण निष्क्रिय है तो वर्ग ए या बी

सीओ - 2 गैस, सूखे रसायन, जल उपयुक्त नहीं होता है ।

वर्ग – डी - अग्नि

मैग्नीशियम, टिटानियम जैसी धातुओं से लगी आग ।

सामान्य अग्निशमन माध्यम उपयुक्त नहीं हैं । विशेष रसायनों या तकनीकी का प्रयोग होता है ।

वर्ग - ई - अग्नि

ज्वलनशील गैसों तथा ईंधनों, हाइड्रोजन, अमोनिया, एसीटीलीन, एलपीजी, पेट्रोल, मिट्टी तेल से लगी आग

अग्नि की कमी अत्यधिक लाभदायक है । विशेष पद्यति जरूरी है । प्रवेश मार्ग बंद करें ।

अग्निशमन उपकरण –

टीएसी (टेकनीकल एड्वायजरी कमेटी) नियमावली तथा भारतीय नियमावली मानक आई एस 2190 (सलेक्शन ऑफ फायर एक्सटेंग्युसर) के अनुसार आग बुझाने के निम्नलिखित उपकरण सब - स्टेशन एवं क्षेत्रीय भंडारों में उपलब्ध होने चाहिए । पोर्टेबल फायर एक्सटेंग्युसर बहुतायत में उपयोग किए जाने वाले अग्निशामक यंत्र हैं । यद्यपि पोर्टेबल फायर एक्सटेंग्युसर बड़ी मात्रा की आगजनी को नियंत्रित करने के लिए पर्याप्त साधन नहीं है, किन्तु फिर भी यदि अग्नि दुर्घटना के प्रारम्भ में ही इनका तत्परता से प्रभावी उपयोग कर लिया जावे तो दुर्घटनाओं को रोका जा सकता है ।

अनुचित प्रकार के अग्निशामकों का उपयोग, संचालन की गलत प्रक्रिया, आवधिक मेंटीनेंस की कमी, कुछ ऐसे कारण हैं जिनकी वजह से अग्निकांडों को प्रारम्भिक चरणों में नियंत्रित नहीं किया जा सकता है एवं विभाग/कंपनी संसाधनों की हानि होती है। यहाँ कुछ फर्स्ट एड फायर एक्स्टेंग्युसर के प्रकार (अग्निशामक माध्यम के आधार पर) बताये जा रहे हैं :-

प्राथमिक चिकित्सा अग्निशमन उपकरण –

- अग्नि बाल्टी
- आग बुझाने का यंत्र (पोर्टेबल फायर एक्स्टेंग्युसर)
- यांत्रिक झाग अग्निशामक (फ़ोम टाइप)
- सूखा रसायन चूर्ण सोडियम बाई कार्बोनेट (बीसी) या अमोनियम फास्फेट पाउडर (एबीसी)
- कार्बन डाई ऑक्साइड

-एमल्सीफायर

-फिक्सड टाइप फायर एक्स्टेंग्युशिंग उपकरण -

अग्नि बाल्टी – 9 लीटर क्षमता की फायर बकेट गोल तले तथा हैंडल वाली इन पर अंदर की ओर सफ़ेद रंग तथा बाहर की ओर पोस्ट ऑफिस लाल रंग का पेंट किया गया हो । इसके तले को काले पेंट से रंगा गया हो । ये रेत/बालू (सैंड) से भरी हों ।

अग्निशामक (फायर एक्सीटिंग्यूशर) -

यांत्रिक झाग अग्निशामक :-

यह 9 लीटर क्षमता का एक कंटेनर होता है । इसमें 8.75 जल तथा 0.25 लीटर झाग बनाने वाले तत्व होते हैं । झाग निस्सरण करने के लिए कंटेनर के भीतर दबाव बनाने के लिए एक गैस कार्टरिज का प्रयोग होता है । इसे वर्ग बी की अग्निशमनके लिए प्रयोग में लाया जाता है ।

सूखा रसायन पाउडर अग्निशामक –

ये अग्निशमक विभिन्न आमाप में मिलते हैं ।

इसमें निम्नलिखित मुख्य पुर्जे शामिल हैं ।

क – सिलेन्डर, ख – कैम एसेम्बली विद प्लंजर, ग – गैस कार्टरिज

सोडियम बाई कारबोनेट – इसका प्रयोग वर्ग ख, एवं ग किस्म की अग्नि में होता है । यह तेल तथा विद्युत अग्नि के लिए उपयुक्त है ।

अमोनियम फास्फेट – ये अग्निशामक विभिन्न अमाप में उपलब्ध हैं, इसमें गैस कार्टरिज नहीं होती है । पाउडर के साथ - साथ गैस अमाप के लिए पूर्व निर्धारित दबाव पर सिलेन्डर को सीधे ही भरा जाता है । ये अग्निशामक वर्ग ए, एबी एसी तथा वैद्युत अग्नि पर प्रयुक्त होते हैं ।

कार्बन डाई ऑक्साइड अग्निशामक –

ये अग्निशामक विभिन्न आमाप में उपलब्ध हैं इनमें तरलीकृत गैस भरी होती है । जब इसे छोड़ा जाता है तो तरल द्रव्य वाष्पीकृत होता है तथा त्वरित विस्तारण तापमान को कम करता है । गैस एक हिस्सा छोटे - छोटे कणों में ठोस हो जाता है । प्रशीतन प्रभाव तथा ऑक्सीज़न में कटौती अग्नि को बुझा देती है ।

फायर हाइड्रेन्ड्स – इनका इस्तेमाल तब किया जाय जब पावर सप्लाई काट दी गई हो । इनका इस्तेमाल ट्रांसफार्मरों और ऐसे ही उपकरणों पर किया जाता है । हर सब स्टेशन/स्टोर में आग लगने पर इस्तेमाल के लिए फ़ोम पाउडर और फ़ोम ब्रांच पाइप रखना जरूरी है ।

क्र, शामक की किस्म, वर्ग ए, वर्ग बी, वर्ग सी, सामान्य

1 - कार्बन डाई ऑक्साइड

केवल छोटे धरातल की अग्नि के लिए उपयुक्त

उपयुक्त, अपशिष्ट नहीं छोड़ता है या उपकरण को प्रभावित नहीं करता

उपयुक्त, गैर संवाहक तथा उपकरण को क्षति नहीं पहुंचाता

ये अग्निशामक अलग - अलग साइज में बनाए जाते हैं ।

2 - शुष्क रसायन

केवल छोटे धरातल की अग्नि के किए उपयुक्त

उपयुक्त, रसायन शामक गैस तथा झाग छोड़ता है तथा ताप के प्रति सुरक्षा प्रदान करता है ।

उपयुक्त रसायन गैस संवाहक झाग होती है । रसायन प्रचालक को ताप से बचाता है ।

3 - झाग

उपयुक्त शामक तथा भिगोने दोनों तरह की कार्यवाही की क्षमता होती है ।

उपयुक्त शामक केवल नष्ट नहीं होती है, फैले हुए द्रव्य पर तैरती है ।

अनुपयुक्त झाग कंडक्टर होती है । इसलिए सक्रिय उपकरण पर इस प्रयोग न करें

सीओ- 2 के बड़ी मात्रा में छोटे - छोटे बुलबुलों वाली एक भारी झाग वाली तह के साथ अग्नि को आयोजित कंबल डालकर शमन करते हैं ।

4 - जल

उपयुक्त जल सामग्री को गीला करता है तथा पुन: जलने से रोकता है ।

अनुपयुक्त जल फैलेगा तथा आग को नहीं बुझाएगा

अनुपयुक्त जल के कंडक्टर होने के कारण इसका प्रयोग सक्रिय विद्युत उपकरण पर नहीं करना चाहिए ।

5 - कार्बन टेटरा -क्लोराइड

उपयुक्त वर्ग ए की अग्नि पर कुछ सीमा तक

उपयुक्त 1 भाग पर उच्च शमन गैस छोड़ता है ।

उपयुक्त अचालक कंडक्टर है तक उपकरण को क्षति नहीं पहुचती

ये एक चौथाई या अधिक साइज में उपलब्ध है तथा पंप व प्रेशर टाइप में होते हैं । तरल द्रव्य की अग्नि पर पंप किया जाता है तथा जो भाग को दबा कर बुझा देता है ।

नोट –

1. चाहे परिसर में एक आटोमेटिक स्प्रिंकलर प्रतिष्ठापना ही क्यों न हो यह भी जरूरी है कि पोर्टेबल फायर एक्सटिंग्युशर भी हो क्योंकि इनके द्वारा आटोमेटिक स्प्रिंकलर के चालू होने से पूर्व ही आग को फैलाने से रोका जा सकता है ।
2. पोर्टेबल फ़ोम, सोडा एसिड या वाटर अग्निशमन उपकरण का प्रयोग गैर विद्युत आग को बुझाने के लिए होता है । इसका प्रयोग विद्युत उपकरण पर तब तक न किया जाए जब तक कि इस तरह के उपकरण को निष्क्रिय नहीं कर दिया जाता ।

एमल्सीफायर –

यह जलते हुए ट्रांसफार्मर तेल पर एक विशेष कोण पर डालने की एक प्रणाली है । इस प्रणाली में एक जल टंकी तथा जल पंप प्रणाली अर्थात मुख्य पंप तक बाकी पंप वाला एक पंप कक्ष निहित होता है । इस प्रणाली को एक पूर्व निर्धारित तापमान – सामान्यत: 67 डिग्री पर आटोमोडमें सैट किया जाता है । एमल्सीफायर जोइंट्स जलते हुए ट्रांसफार्मर तेल पर एक विशिष्ट कोण पर स्वत: ही जल छिड़काव करते हैं । इस तरह आग बुझ जाती है ।

कर्मचारियों को प्राथमिक चिकित्सा का प्रशिक्षण दिया जाएगा । प्राथमिक चिकित्सा बक्सा मुहैया करवाया जाएगा । तथा इलेक्ट्रिक शॉक के मामले में दी जाने वाली प्राथमिक चिकित्सा का चार्ट सब -स्टेशन में लगाया जाएगा ।

अग्निशामक यंत्रों का आवधिक (समय अवधि) निरीक्षण/जांच –

माह में एक बार अग्निशामक यंत्रों को चेक किया जाना चाहिए कि : -

-उसके सभी गतिशील भाग (मुवएबिल पार्ट्स) ठीक प्रकार से कार्यरत हैं कि नहीं ?

- प्लंजर अपनी जगह तक पहुंचता है कि नहीं ?

- उसकी नोजल में किसी प्रकार की रुकावट तो नहीं है ?

- उसके अग्निशामक पदार्थ का कहीं से रिसाव तो नहीं है ।

अग्निशामक यंत्र की बाहरी सतह को ठीक प्रकार से साफ करें । ब्रास पार्ट्स की पालिस करें, महीने में कम से कम एक बार सीओ - 2 अग्निशामक यंत्र का भार की जांच की जाना चाहिए यदि भार पूर्णत: चार्ज अग्निशामक से 90 % से कम है तो इसे रिचार्ज कराया जाना चाहिए ।

इसके अलावा अग्निशामकों का हाइड्रोजन प्रेशर टेस्ट भी कराया जाना चाहिए एवं उसका रिकार्ड मेनटेन किया जाना चाहिए (यदि मेंटेनेंस आउट सोर्स है तो विभाग/कंपनी अधिकारी को उसका पर्याप्त पर्यवेक्षण करना चाहिए । आईएस 2190 - 1992 (कोड ऑफ प्रक्टिस फॉर सलेक्शन, इन्सटालेशन एंड मेंटेनेंस ऑफ फर्स्ट एड फायर एक्सटिंग्युशर्स) के अन्तर्गत अग्निशामकों के प्रस्तावित रिफिलिंग्स/परफ़ोर्मेंस टेस्ट/हाईड्रोजन प्रेशर टेस्ट हेतु शेड्यूल इस प्रकार है –

एक्स्टिंग्युशर के प्रकार, - रिफिलिंग/परफ़ोर्मेंस टेस्ट, - हायड्रोलिक प्रेशर टेस्ट,

वाटर टाइप (स्टोर्ड प्रेशर), - एक बार 2 साल में, - एक बार 2 साल में

फ़ोम टाइप, - एक बार 2 साल में, -एक बार 2 साल में

डी सी पी टाइप, - - एक बार 5 साल में, - एक बार 3 साल में

सी ओ – 2 टाइप, - एक बार 5 साल में, - प्रत्येक रिचारजिंग, लेकिन कम से कम एक बार 5 साल में

28

समंक भवन (डाटा सेन्टर) के बेट्री/यूपीएस/ चार्जर कक्ष में बरती जाने वाली सावधानियाँ : -

समंक भवन (डाटा सेन्टर) के बेट्री/यूपीएस/चार्जर कक्ष में बरती जाने वाली सावधानियाँ : -

1. - समंक कक्ष (डाटा सेन्टर), बैटरी कक्ष तथा नियंत्रण कक्ष अलग - अलग हों तथा मुख्य विद्युत उपकेन्द्रों से दूर अवस्थित हों, उन कक्षों, जिनमें प्राचलन कार्मिक कार्य करते हैं उसके दो निकास द्वार हों।
2. - चार्जर से बैटरी चारजिंग के दौरान हाइड्रोजन गैस (ज्वलन शील) निकलती है यदि बैटरी कक्ष में पर्याप्त मात्रा में हवा निकासी (एक्स्झोस्ट) की व्यवस्था नहीं है तो दुर्घटना घट सकती है। सामान्य: वायु में 4 % से अधिक हाइड्रोजन मिक्सचर खतरनाक हो सकती है अत: सुरक्षा की दृष्टि से 1 % से नीचे इसकी मात्रा सीमित की जानी चाहिए। इसके लिए एक्स्झोस्ट फेन लगातार चालू न रखकर हाइड्रोजन डिटेक्टर के 1 % सेटिंग पर समायोजित किया जा सकता है।
3. - बैटरी कक्ष/समक भवन में सिगरेट आदि ज्वलनशील पदार्थो का सेवन/उपयोग निषेध है।
4. - समंक भवन में फायर अलार्म सर्किट/हाइड्रोजन डिटेक्टर/स्मोक डिटेक्टर/एंटी रोडेंट डिवाइस/सीओ - 2 पोर्टेबल अग्निशामक यंत्र स्थापित किया जाना चाहिए।
5. - प्रशिक्षित व्यक्ति के द्वारा ही बैटरी का संधारण/संचालन किया जाना चाहिए। बैटरी कक्ष में अन्य सामग्रियों का भंडारण नहीं किया जाना चाहिए।
6. - धातु के बने बड़े सामान जैसे एल्यूमिनियम लेडर बैटरी रूम में नहीं रखने चाहिए।
7. - बैटरी के संचालन/साधारण से संबन्धित सुरक्षा सावधानियों के चार्ट बैटरी कक्ष में लगाए जाने चाहिए।
8. - किसी भी सामग्री को बैटरी के 1 मीटर के नजदीक/समीप एवं सीधे बैटरी के ऊपर नहीं रखना चाहिए।
9. - जब बैटरी की चारजिंग प्रक्रिया चल रही हो तब, वेल्डिंग, ड्रिलिंग एवं ग्राइण्डिङ्ग जैसे कार्य नहीं किए जाने चाहिए ऐसे कार्य चार्जिंग समाप्त होने के 2 घंटे पश्चात ही किए जाए जबकि वेंटिलेशन पर्याप्त मात्रा में उपलब्ध हो।
10. - भवन में ऑपरेटर की आखों की सुरक्षा की दृष्टि से गॉगल, आई फाउंटेन आदि भी उपलब्ध कराए जा सकते हैं।
11. - बैटरी को कनेक्ट/डिसकनेक्ट करने के पूर्व बैटरी चार्जर बंद कर देना चाहिए/निगेटिव टर्मिनल को पहले एवं पोजिटिव टर्मिनल को बाद में डिसकनेक्ट किया जाना चाहिए।
12. - यू पी एस आइसोलेशन स्विच ऐसी जगह लगाना चाहिए जिसे आसानी से बंद/चालू किया जा सके।
13. - सप्ताह में कम से कम एक बार कर्मचारी/अधिकारी को बैटरी कक्ष का निरीक्षण अवश्य करना चाहिए।

आग बुझाने के हर यंत्र पर निम्नलिखित जानकारी लिखी होनी चाहिए –
क्रम संख्या, चार्ज करने की दिनांक/तारीख, परीक्षण/टेस्ट करने की दिनांक/तारीख
आग बुझाने के प्रत्येक यंत्र की एक हिस्ट्री शीट बनानी चाहिए जिसमें निम्नलिखित बातें लिखी हो –
क - प्राप्ति का स्रोत
ख - प्राप्ति की दिनांक/तारीख

ग - शुरू में चार्ज किए जाने की दिनांक
घ - बाद में चार्ज किए जाने की दिनांक
ङ - हाइड्रोलिक टेस्ट किए जाने की दिनांक
च - बाद में पेंट करने की दिनांक
छ - मरम्मत करने की दिनांक जब परिसर में रखे गए सभी आग बुझाने के यंत्रों की ओवरहालिंग की गई।

29

सुरक्षा के बारे में सावधानी और सुरक्षा नियम -

सुरक्षा के बारे में सावधानी और सुरक्षा नियम -

अपने आप और साथ में काम करने वाले लोगों की सुरक्षा बहुत महत्वपूर्ण है और दुर्घटनाओं व चोटलगने से बचने के लिए जरूरी है कि सुरक्षा नियमों एवं सुरक्षा उपकरणों का समुचित पालन किया जाए जिससे कि किसी भी प्रकार की दुर्घटना न हो।

हर कार्यकर्ता/कर्मचारी को निम्नलिखित बातों का ध्यान रखना चाहिए –

1. अपने आप/स्वयं की सुरक्षा
2. अपने साथ काम करने वालों की सुरक्षा
3. आम जनता की सुरक्षा
4. विभाग/कंपनी की संपत्ति की सुरक्षा
5. आम जनता की संपत्ति की सुरक्षा
6. सार्वजनिक संपत्ति की सुरक्षा
7. आम जनता के अतिरिक्त पशु - पक्षी और जीवधारियों की सुरक्षा

कोई भी काम शुरू करने से पहले अगर परिस्थितियां असुरक्षित जान पड़े या किसी तरह का भ्रम हो, तो मामले को स्पष्ट करलें और तब काम को शुरू करें।

काम शुरू करने से पहले कृपया निम्नलिखित बातों का ध्यान रखें –

1. काम करते समय हसी मज़ाक न करें और न ही कोई गलत काम करें
2. काम करते समय और काम पर आने से पहले शराब अथवा मादक पदार्थों का सेवन न करें
3. सुरक्षा वाले औजारों/उपकरणों और सयन्त्रों की हालत का निरीक्षण करने, उपकरणों में हाथ के रबड़ दस्ताने, थैला, सीढ़ी, सुरक्षा बेल्ट, सुरक्षा रस्सी, हेलमेट, डिस्चार्ज रोड आदि शामिल हैं।
4. यह भी सुनिश्चित कर लें कि सुरक्षा के सभी उपाय कर लिए गए हैं।

उदाहरण के लिए -देख ले कि लाइन में बिजली आ रही या नहीं, अर्थिङ्ग की गई है या नहीं

बुनियादी बातें/सुरक्षा के मौलिक उपाय –

1. दुर्घटना से बचने के लिए साथ काम करने वाले सभी लोगों का सहयोग जरूरी है।
2. असुरक्षित श्रमिक किसी विभाग/कंपनी का बोझ होता है, वह किसी समय दुर्घटना करके अपने आप और साथियों के लिए खतरा बन सकता है।
3. अधूरी अथवा कम जानकारी खतरनाक होती है और दुर्घटना का कारण बन सकती है।
4. कोई भी दुर्घटना असुरक्षित कार्य और असुरक्षित काम की स्थितियों का नतीजा/परिणाम हो सकता है।

दुर्घटना के आम कारण –

1. -बिना अधिकार के काम करना
2. - असुरक्षित तरीके से काम करना जैसे टी एंड पी (सुरक्षा उपकरण -मशीन), लाईन सामग्री (मैटीरियल) इधर - उधर फेंकना या जल्दवाजी में काम करना
3. - उचित क्षमता के फ्यूज़ की जगह ऊंची (बड़ी) क्षमता वाला फ्यूज इस्तेमाल करना
4. - गलत टी एंड पी सामग्री इस्तेमाल करना, उदाहरण के लिए स्क्रू ड्राइवर की जगह स्पेनर से काम लेना या बिना इंस्यूलेशन वाला औज़ार इस्तेमाल करना

2. असुरक्षित या खतरनाक उपकरणों का इस्तेमाल कर के काम करना जैसे सफाई करना/ग्रीस लगाना अथवा चलती हुई मशीन पर हाथ लगाना
3. काम के स्थान पर हसी मज़ाक करके सह कर्मियों का ध्यान बटाना
4. कम रोशनी में काम करना ।

30

चालू/जिंदा लाईन अथवा उपकरणों पर काम करते समय - सावधानी/चौकसी - -

चालू/जिंदा लाईन अथवा उपकरणों पर काम करते समय - सावधानी/चौकसी - -

1. बिजली के सभी सर्किटों (परिपथ)या उपकरणों पर काम करना खतरनाक होता है । इसीलिए जब तक निम्नलिखित उपाय न कर लें, काम शुरू न करें -

   (अ)- सर्किट (परिपथ) ऑफ (बंद) कर दें,
   (आ) – लाईन बंद का परमिट प्राप्त कर लें जिस उपकरण या लाईन पर काम करना है ।
   (इ) – उपकरण/लाईन को ठीक से अर्थ कर डिस्चार्ज कर, अर्थ कर दें ।

1. सभी लाइनें/उपकरणों को पहले ऑफ (बंद) कर दें और काम शुरू करने से पहले लाईन बंद (क्लीयर) का परमिट ले लें ।
2. जरूरी है कि 11 केवी और इससे अधिक/ज्यादा वोल्टेज वाली लाईन पर काम करने से पहले परमिट ले लें । अगर यह लाईन अपने कार्य क्षेत्र में है तो स्वयं परमिट ले लें ।
3. सुनिश्चित करें कि लाईन/फीडर/उपकरण ऑफ (बंद) हैं और परमिट में दिये गए अनुसार अर्थ किया गया है ।
4. एबी स्वीच ऑफ (खुला) हो और लॉक (ताला) किया हो । अगर संभव हो तो वहां पर किसी को बैठा दें जो देखता रहे ।
5. वीसीबी/ब्रेकर से लाईन ऑफ करने के बाद भी यह सुनिश्चित करलें कि एबी स्वीच ऑफ (खुला) है या नहीं, हर हालत में एबी स्वीच के तीनों ब्लेड खुलें हों यह जांच/देख ले ।
6. काम शुरू करने से पहले लाईन को डिस्चार्ज कर दे और एक पोल पहले अर्थ रोड के जरिए अर्थ करें ।
7. ये सुनिश्चित करें कि श्रमिक और सामग्री काम की जगह काम के पूरा होने से पहले सुरक्षित तरीके से पहुंच/उतर गये हैं । इसके अलावा ये भी सुनिश्चित करलें कि लाईन पर कोई टी एंड पी नहीं छूट गई है और अर्थ रोड हटा लिए गये हैं ।
8. एबी स्वीच और अन्य उपकरणों को संचालित करते समय हाथ में रबड़ दस्ताने जरूर पहन लें ।
9. लाईन पर काम करते समय सेफ़्टी बेल्ट/झूला/कमर बेल्ट/रस्सी बांध लें ।

अधिकांश घटनायें रोकी जा सकती हैं लेकिन सभी निर्देशों का बिजली की लाइनों/उपकरणों पर काम करते समय जरूर पालन किया जाये । अगर ठीक से ध्यान दिया जाये तो श्रमिक/कर्मचारी द्वारा खुद ही दुर्घटनाओं से बचा जा सकता है ।

31

संगठन और व्यक्तिगत सफलता में टीम वर्क का महत्व -

संगठन और व्यक्तिगत सफलता में टीम वर्क का महत्व –

- अपनी भूमिका को समझें
- टीम के लक्ष्य को अपना लक्ष्य समझें
- लोगों का विश्वास जीतें
- स्पष्ट रूप से अपने विचार व्यक्त करें
- विनम्र हों
- प्रभावी सम्प्रेषण के घटक – बोलना और मौन रहना

सक्रिय श्रवण के मुख्य तत्व –

- ध्यान देना – (वक्ता की ओर सीधे देखें, ध्यान भंग न करें, पर्यावरण संबंधी कारणों से ध्यान भंग न करें, वक्ता के हाव - भाव को ध्यान से समझें, यदि आप समूह में सुन रहे हो तो आपस में बात न करें)
- यह दर्शायें कि आप ध्यान से सुन रहें हैं (हाव - भाव, सिर हिलाना, मुसकराना, चेहरे से खुशी, भाव भंगिमा, वक्ता को 'जी हाँ' से प्रोत्साहित करना)
- फीडबैक दें –
- अपना निर्णय स्थाई रखें
- अपनी प्रतिक्रिया ठीक से व्यक्त करें

प्रभावी सम्प्रेषण (इफेक्टिव कम्यूनिकेशन) की बाधाएँ–

- वास्तविक बाधाएँ – (स्थान, कार्य स्थल का वातावरण, दूरी, शोर)
- प्रक्रिया संबंधी बाधाएँ – (अपर्याप्त चैनल, अनुदेशों को समझने में कठिनाई, बिलंब और घटिया फीडबैक)
- मनोवैज्ञानिक बाधाएँ – (आपकी मन स्थिति अर्थात आपका मूड, उत्तेजित ग्राहक, कठिन स्थिति)
- प्रभावी सम्प्रेषण में लहजे (टोन) और स्वर (पिच) का महत्व – (गुस्सा, शांति, अधीरता, बेचैनी, आश्वासन)
- अपशब्दों का प्रयोग न करें
- कमजोर सम्प्रेषण व्यवहारों का प्रभाव
- व्यावसायिक सफलता के लिए अनुशासन का महत्व – (समय के पाबंद बनें, प्रशिक्षण और बैठकों में व्यक्तिगत कॉल का उत्तर न दें, कार्य के मानकों को बनाएं रखें, कार्य के प्रति सही रवैया रखें, अपना और दूसरों का सम्मान करें, प्रबन्धक - वर्ग द्वारा निर्धारितनियमों और विनियमों का पालन करें)

- अनुशासित व्यवहार से दक्षता बढ़ती है, और कार्य निष्पादन में सुधार होता हैं ।

- उदाहरण - पति – पेट में गड़बड़ है । पत्नी – आजवाइन ले लो । पति - ठीक है, तुम कह रही हो तो, आज वाइन ले लेता हूँ ।

शिकायत –
शिकायतों को निम्नलिखित तरीके से निपटाया जा सकता है –

- तत्काल कार्यवाही करना
- शिकायतों को स्वीकार करना
- तथ्यों को एकत्रित करना
- शिकायतों के कारणों की जांच करना
- शिकायतों पर निर्णय लेना
- शिकायतों का निष्पादन करना
- शिकायतों की समीक्षा करना

आपसी टकराव–

- शांत रहें
- सुनें
- पीछे हटें
- अपने हाव – भाव पर ध्यान दें
- तीव्रता से बचें, जल्दवाजी न करें
- सच्चाई का सामना करें
- माफ/क्षमा करना

32

सकारात्मक रवैया/सोच -

सकारात्मक रवैया/सोच –

- इससे आप अपने लक्ष्य को सफलता पूर्वक प्राप्त कर सकते हैं
- इससे आपके जीवन में अधिक गतिशीलता और ऊर्जा आती है
- इससे आपको कठिन स्थितियों को अवसरों के रूप में सीखने में मदद मिलती है
- इससे आपको अधिक भावनात्मक शक्ति मिलती है
- यह आपको और अन्य लोगों को कार्य करने के लिए प्रेरित करने में सहायक होता है
- इससे आप अपने आसपास को और सुखद बना सकते हैं
- सकारात्मक रवैये को विकसित करना – आभारी हों, असफलता से सीख लेना, माफ करना सीखें, शिकायत न करें, अपने अंदर की अच्छाईयों पर ध्यान केन्द्रित करना

  आत्म विश्वास का निर्माण –

- दूसरों की सफलता को देखना
- सामाजिक बोध
- भावनात्मक सुरक्षा
- आत्म विश्वास निर्माण करने का तारीका – (समस्याओं की पहचान, गलतियों से डरें नहीं, उज्ज्वल पक्ष की ओर देखें)
- व्यक्तिगत स्वच्छता – (शरीर – शरीर से दुर्गंध न आने दें – रोज स्नान करें, मुख – मुख से दुर्गंध न आने दें – रोज अपने दातों को ब्रुश करें, धूम्रपान न करें, तंबाकू न चबाएँ, माउथ फ्रेशनर का प्रयोग करें, आत्म – प्रदर्शन – अस्त – व्यस्त या फूहड़ न दिखें – अपने बालों को छोटा रखें, तेल लगाएँ, कंघा करे, दाड़ी/सेव बनाएं, अपने नाखूनों को छोटे और साफ रखें)

- उदाहरण - इंसान के गुण नमक की तरह होने चाहिए जो भोजन में रहता है मगर दिखाई नहीं देता । लेकिन अगर न हो तो उसकी बहुत कमी महसूस होती है ।

33

तनाव -

तनाव –

- तनाव के लक्षण – तनाव के कुछ अति आधारभूत लक्षण इस प्रकार हैं – तेज गति से सांस लेना, नाड़ी का तेज चलना, भूख न लगना, रोग प्रतिरोधकता कम होना, मांस – पेशियों में तनाव या खिंचाव, नीद न आना।
- तनाव से बचाव – पर्याप्त नींद लें (7 - 8 घंटे), पानी पीना, नियमित अंतराल में पौष्टिक भोजन करें, व्यायाम नियमित रूप से करें
- तनाव के आंतरिक कारण – लगातार चिंता करना, निराशावाद, कठोर मानसिकता, नकारात्मक आत्म वार्ता, अवास्तविक अपेक्षाएँ, पूर्ण रूप से शामिल या पूर्णरूप से बाहर प्रवृत्ति
- तनाव के बाहरी कारण – जीवन में प्रमुख परिवर्तन, कार्य में कठिनाईयां, वित्तीय कठिनाईयां, अत्याधिक कार्य की मात्रा, अपने परिवार के विषय में चिंता करना

तनाव के लक्षण – मानसिक लक्षण
भावनात्मक लक्षण यादस्त की समस्यायें
अवसाद एकाग्रता की समस्यायें
व्याकुलता निर्णय लेने की क्षमता का अभाव
चिड़चिड़ापन निराशावाद
अकेला चिन्ता
चिन्ता लगातार चिन्ता करना
गुस्सा लगातार दर्द और कष्ट
भूख लगने में बढ़ोतरी या कमी अत्यधिक सोना या अपर्याप्त सोना, दस्त या कब्ज उबकाई सामाजिक रूप से अलग हो जाना
चक्कर आना उत्तरदायित्वों को अनदेखा करना
छाती में दर्द और/या तेज हृदय गति शराव या सिगरेट का सेवन
अक्सर सर्दी या बुखार जैसा अहसास नाखून चबाना, व्यग्रता से चलते - फिरते रहना आदि जैसे परेशान आदतें

34

चर्चा/सुझाव/समस्या निराकरण/आपसी सहयोग -

चर्चा/सुझाव/समस्या निराकरण/आपसी सहयोग –

प्रायः दो कहावत चर्चित होती हैं - 1 - अकेला चना भाड़ नहीं फोड़ सकता और 2 – एक मछली सारे तालाब को गंदा कर देती है। सोंचें दोनों एक दूसरे के विरोधी विचार हैं। एक अच्छा कर्मचारी कितनी मेहनत करे सफलता नहीं मिलती हैं, एक कर्मचारी की गलती/गलतियों से पूरा विभाग बदनाम होता है। इसका निराकरण है आपसी सहयोग।

उदाहरण – एक 33/11 केवी विद्युत उप केन्द्र से 6 नम्बर 11 केवी फीडर निकलते हैं इन सभी फीडरों की देखभाल के लिए एक फीडर पर एक ही कर्मचारी पदस्थ है जो उसका संचालन एवं संधारण के साथ अन्य विभागीय कार्य भी करता है। संधारण हेतु और कर्मचारी न मिलने से फीडरों का मेंटीनेंस नहीं हो पा रहा है, सभी 6 फीडरों आपूर्ति व्यवस्था से कर्मचारी एवं उपभोक्ता परेशान हैं। एक विशेष विवेचना के समय सभी फीडरों की ट्रिपिंग जानकारी निम्नानुसार है : -

क्रमांक, फीडर का नाम ,फीडर कर्मचारी नाम ,एक माह फीडर पर ट्रिपिंग संख्या, निराकरण (फीडर मेंटीनेंस क्रम)

1 ,फीडर नम्बर एक, अ, 47, च - 6 (छठवां सप्ताह)

2 , फीडर नम्बर दो, आ , 68, घ – 4 (चौथा सप्ताह)

3 , फीडर नम्बर तीन, इ, 92, क – 1 (पहला सप्ताह)

4, फीडर नम्बर चार, ई, 76, ग – 3 (तीसरा सप्ताह)

5, फीडर नम्बर पांच, उ, 57, ड़- 5 (पांचवा सप्ताह)

6, फीडर नम्बर छ, ऊ , 82, ख – 2 (दूसरा सप्ताह)

समस्या निराकरण– फीडर संधारण (मेंटीनेंस) – उपरोक्त से स्पष्ट है कि सभी 11 फीडरों पर ट्रिपिंग संख्या अधिक होने से बिजली व्यवस्था सुचारु रूप से नहीं हो रही हैं। एक फीडर पर एक ही कर्मचारी है जिसे और भी विभागीय कार्य करने होते हैं, और कर्मचारी भी उपलब्ध नहीं हो पा रहे हैं। ऐसे में कहते है कि अकेला चना भाड़ नहीं फोड़ सकता हैं। आपसी चर्चा एवं सहयोग से यह निष्कर्ष निकाला कि सभी 6 फीडरों के कर्मचारी सप्ताह के एक दिन बुधवार को इकट्ठे (एकत्रित) होकर एक फीडर का मेंटीनेंस करेंगे। उससे पहले प्रत्येक फीडर से सम्बन्धित कर्मचारी अपने फीडर की ग्राउंड पेट्रोलिंग कर यह जानकारी तैयार कर लेगा कि फीडर से सम्बन्धित क्या – क्या कार्य होने जरूरी हैं। जिनमें मुख्य कार्य – पेड़ की टहनियाँ/डालियां छांटना, ढीले/खराब जम्पर बदलना, पिन/डिस्क इंसुलेटर बदलना, वी क्रॉस आर्म, टॉप क्लैम्प, डीपी चैनल, पोल आदि सीधा करना, ढीले तार खींचना, स्टे संबन्धित कार्य और अन्य कार्य जो जरूरी हैं।

यह सब करने के बाद सबसे पहले उस फीडर का संधारण (मेंटीनेंस) करना है जिस पर सबसे अधिक ट्रिपिंग हो रही हैं फिर ट्रिपिंग के घटते क्रम में उपरोक्त सारणी अनुसार फीडर का मेंटीनेंस करेंगें तब केवल 6 सप्ताह के 6 दिन (बुधवार) में अकेले उन्हीं कर्मचारियों ने अपने सभी फीडरों का संचालन (मेंटीनेंस) कर लिया। आपसी सहयोग से सभी फीडरों के संधारण होने से निश्चित रूप से ट्रिपिंग कम होगी और बिजली व्यवस्था में सुधार आयेगा। किसी के द्वारा कोई अतिरिक्त कार्य नहीं करना पड़ा और सभी के फीडरों का संधारण भी हो गया। परन्तु प्रत्येक कर्मचारी अपने - अपने फीडर पर 6 दिनों में इतना संधारण कार्य नहीं कर सकेगा क्योंकि कहावत है कि अकेला चना भाड़ नहीं फोड़ सकता।

कर्मचारी पर कार्य का दबाव और मानसिक सन्तुलन –

अधिकतर कर्मचारी काम का दबाव अधिक मानते हुए मानसिक सन्तुलन भी खराब कर लेते हैं। परन्तु उपरोक्त जैसी व्यवस्था, आपसी सहयोग से समस्या हल हो जाती है। इसके अतिरिक्त भी साधारण प्रक्रिया में प्रत्येक कर्मचारी को इन विचारों पर सोचना पड़ता है –

1 – स्वयं (खुद) का सोच - कि मुझे कोन - कोन सा कार्य आज करना है।

2 – अधिकारी का सोच (निर्देश) - जब कर्मचारी कार्यालय (दफ्तर) जाता है वहां पदस्थ अधिकारी उसे निर्देश देता है कि यह कार्य आज करना है ।

3 – उपभोक्ता का सोच – जब कर्मचारी कार्यालय पहुंचता है तो वहां उपस्थित उसके क्षेत्र का उपभोक्ता अपनी समस्या का निराकरण चाहता है जो कर्मचारी को आज करना हैं ।

4 - पारिवारिक/सामाजिक सोच – कर्मचारी एक सामाजिक प्राणी हैं, सामाजिकता, पारिवारिक ज़िम्मेदारी का भी स्थित अनुसार कार्य करना होता हैं । यह भी कर्मचारी सोचता है ।

उपरोक्त चार प्रकार के सोच के दबाव के कारण कभी - कभी कर्मचारी अपना संतुलन खो देते हैं और कोई भी कार्य न होने से और मानसिकता बिगड़ती है । जिसका निराकरण केवल स्वयं का सोच और आपसी चर्चा, सहयोग ही है ।

अक्सर जब हम श्रीमदभगवत गीता पुस्तक पर चर्चा करते हैं और गहराई के बिन्दुओं को छोड़कर सामान्य चर्चा यह आती है कि जब भी कोई असुविधा/परेशानी/कठिनाई हो तो आपस में चर्चा कर एक दूसरे का सहयोग करे । दोनों (अर्जुन और श्रीकृष्ण) के विचार एक दूसरे के विपरीत (एक कहता है कि लड़ाई नहीं लड़ना/कार्य नहीं करना, दूसरा कहता है लड़ाई लड़ना/कार्य करना) जिसके लिए इस पुस्तक में 18 अध्याय और 700 श्लोक हैं । जिससे आपसी चर्चा से यह निश्चय हुआ कि लड़ाई लड़ी (कार्य किया) जावे । परिणाम सबको मालूम है । और तभी कहते हैं कि योग करो न करो परन्तु एक दूसरे को सहयोग अवश्य करो । सारथी बनो या न बनो परन्तु सहयोगी अवश्य बनो ।

उदाहरण – एक कर्मचारी उपरोक्त वर्णित स्थिति के अनुसार चार सोचो (कार्यो) के साथ अपने दैनिक कार्यों पर जाता है –

पहला सोच - स्वयं का सोच – मुझे राजस्व(बिल) बसूली करना है ।

दूसरा सोच - अधिकारी का – कर्मचारी को बकाया राशि के बिल जमा न करने वालों के कनेक्शन काटना है ।

तीसरा सोच – उपभोक्ता का – कर्मचारी से उसे अपने घर बिजली न आने की समस्या ठीक करानी है ।

चौथा सोच – पारिवारिक/सामाजिक – पारिवारिक घरेलू सामान लाना अथवा शाम को एक सामाजिक कार्यक्रम में उपस्थित होना ।

समझदार कर्मचारी वह है जो समयानुसार उसके कार्य क्षेत्र में जो कार्य पहले आता है उसे करता हुआ तीनों विभागीय कार्य कर लेता है अथवा परिस्थिति अनुसार पहले उपभोक्ता की शिकायत, बकायादार उपभोक्ता के कनेक्शन काटते हुए राजस्व (बिल) वसूली के कार्य कर लेता है और शाम को पारिवारिक/सामाजिक कार्य संपादित कर प्रसन्न चित्त रहता । अन्यथा तरह तरह के तर्क - वितर्क/सोच - विचार के कारण अपने कार्य न करने की कारण मानसिक सन्तुलन खो बैठता है ।

35

कहानियां -

कहानियां -

कहानी – 1 - आनन्द की अनुभूति - एक गाँव में मन्दिर निर्माण हो रहा था। गर्मी के दिन थे। मजदूर काम कर रहे थे। एक साधु वहां से गुजरते हुए मन्दिर निर्माण कार्य में अलग - अलग जगह पर कार्य कर रहे तीन मजदूर से एक ही बात पूछता है – कि आप क्या कार्य कर रहे हो ? उनके उत्तर हैं -

पहला मजदूर – देख नहीं रहे, पत्थर तोड़ रहें हैं।

दूसरा मजदूर – बाबा मजदूरी कर रहे हैं, पत्थर का काम कर रहें हैं।

तीसरा मजदूर – संत की जय हो (संत को राम – राम), मेरा सौभाग्य है कि इस मन्दिर की मूर्ति और निर्माण मेरे द्वारा निर्मित (बनाई) की जा रही है।

उपरोक्त कहानी से यह स्पष्ट हो रहा है कि तीनों कर्मचारी एक ही कार्य कर रहे हैं परन्तु तीनों के अलग – अलग सोच रहते है। तीसरा सोच - सर्वोत्तम सोच है, दूसरा सोच – साधारण सोच और पहला सोच नकारात्मक सोच दर्शाता है और कार्य करने की बाद भी असन्तुष्ट रहते हुए मानसिक दुखी हो जाता है।

कहानी – 2 - एक बकायादार उपभोक्ता का विद्युत बिल जमा न होने के कारण अधिकारी ने उस कनेक्शन को काटने के लिए भेजा। कनेक्शन काटने से पहले कर्मचारी ने उपभोक्ता को सूचित किया की आपका कनेक्शन काट रहा हूँ, उसने (उपभोक्ता) ने कर्मचारी को कनेक्शन नहीं काटने दिया और मारने पीटने को कहा, कर्मचारी ने स्थिति को समझते हुए कनेक्शन को नहीं काटा और सुरक्षित वापस आ गया और वस्तुस्थिति से अधिकारी को अवगत कराया। अधिकारी ने कर्मचारी को शाबासी दी कि उसने अपने को पिटने से बचा लिया। कुछ दिन बाद उस लाइन पर संधारण का कार्य होना था जिसके लिए लाइन बंद हुई और उस स्थिति में उपभोक्ता का कनेक्शन पोल से काट दिया गया। कार्य होने के बाद सम्पूर्ण लाइन चालू हो गई और उस उपभोक्ता की लाइट नहीं थी। साधारण रूप से उपभोक्ता शिकायत केंद्र गया और बिजली न आने की शिकायत की, शिकायत लेने के बाद उसे बताया गया कि आपका कनेक्शन काटा हुआ है। उसने पूछा कि किसने कनेक्शन काटा है, तब उसे बताया गया कि इसमें कर्मचारी का नाम नहीं लिखा है, लेकिन साहब के आदेश से कनेक्शन काटा गया, साहब से सम्पर्क कर लें, वह साहब से मिला और कहा कि मेरा कनेक्शन किसने काटा ? साहब ने कहा आपके कनेक्शन को कौन काट सकता है ? कोई नहीं आपके सिवाय, आपने अपना कनेक्शन कटवाया है, हम कैसे काट सकते हैं। उपभोक्ता ने पूछा मैं अपना कनेक्शन क्यों कटवाऊंगा, कैसी बाते कह रहे हैं, कोई अपना कनेक्शन कटवाएगा ? साहब ने समझाया, आपने अपने कनेक्शन का बकाया विद्युत बिल नहीं भरा इसलिए आपने अपना कनेक्शन कटवाया। यदि आप अपना बिजली बिल भरते रहते तो कौन आपका कनेक्शन काट सकता है ? यह तो आपके बिजली बिल न जमा करने के कारण से काटा है। उसने पूछा फिर कैसे जुड़ेगा ? साहब ने कहा बिजली बिल भर दो, आपका कनेक्शन जुड़ जाएगा। उपभोक्ता ने अपना बिजली बिल भर दिया और कनेक्शन जो काटा था जुड़ गया और बिजली आपूर्ति बहाल हो गई। कर्मचारी पिटने से बच गया। कनेक्शन काटने से पहले सम्बन्धित बकायादार से कहें कि आप अपना कनेक्शन क्यों कटवा रहे हो ? इसके कि मैं आपका कनेक्शन काट रहा हूँ.

कहानी - 3 - स्थल निरीक्षण (विचार विमर्श करना) –

एक बार एक नदी में बाढ़ आने से लाइन के नीचे के तार (कंडक्टर) पानी में डूबने से लाइन फाल्ट के कारण बंद हो गई, लाइन डबल सर्किट थी दोनों ही सर्किट बंद हो गए। स्वाभाविक तौर पर जब तक नदी का जल स्तर इतना कम नहीं होता कि लाइन के तार पानी में न डूबें हो तब तक लाइन चालू होना संभव नहीं होगी। ऐसी स्थिति उत्पन्न होने पर एक वरिष्ठ कर्मचारी ने अधिकारी से कहा कि स्थल निरीक्षण कर लिया जाए, स्थल निरीक्षण किया गया, देखा गया एक ही सपोर्ट पर डबल सर्किट वर्टीकल (खड़ी) लाइन खिची हुई है, दोनों सर्किटों के निचले कंडक्टर पानी में डूबे होने से लाइने बंद है। वरिष्ठ कर्मचारी ने सभी से चर्चा की कि ऐसा कर लिया जाए, सभी ने सहमति दी और उस तरह

दोनों लाइनों के विधिवत परमिट लेकर शट्डाउन लिया और दोनों लाइनों के निचले कंडक्टरों के जमफर डीपी से खोल दिए गए और ऊपर के दो तारों तथा बीच के एक तार से एक सर्किट के कनेकशन कर परमिट वापस कर लाइन एक सर्किट पर चालू कर दी गई नदी के दूसरे किनारे वाले जिनकी बिजली आपूर्ति बंद हो गई थी, आपूर्ति होने से प्रसन्नता हुई तथा विभाग के प्रति आभार प्रकट किया। इस प्रकार स्थल निरीक्षण और आपसी चर्चा से तात्कालिक समस्या का निदान हुआ और विभाग और उपभोक्ता दोनों को संतुष्टि हुई।

कहानी – 4 – जनसामान्य से चर्चा –

एक ही सपोर्ट पर डबल सर्किट लाइन खिची हुई थी कंडक्टर पुराने और अधिक लोड आने पर तारों में ढीलापन (सेग) आता और आपस में टकराहट से तार छु जाने से शॉर्ट सर्किट होकर लाइन बंद हो जाती थी। लाइन के बंद हो जाने पर लोड कम हो जाता था। कुछ देर बाद लाइन कम लोड होने पर चालू हो जाती ऐसा अधिकतर प्रातःकाल होता था, कई दिनों तक यह घटना होने पर अधिकारी ने कर्मचारियों से ग्राउंड पेट्रोलिंग करने के लिए कहा। कर्मचारी पेट्रोलिंग कर रहे थे। लाइन के पास एक झोपड़ी में रहने वाले व्यक्ति ने पूछा आज इतनी जल्दी कैसे घूम रहे हो ? कर्मचारी ने उससे चर्चा की और बताया कि हमारी लाइन रोज सुबह के समय बंद हो जाती है लेकिन कोई खराबी (फाल्ट) नहीं मिलती है, बड़े परेशान हैं, वह व्यक्ति बोला कि यहाँ बरगद के पेड़ के पास तारों में आपस में आग सी लगती है, चिंगारी होती है और कुछ देर बाद बंद हो जाती है। कर्मचारी ने नजदीक से लाइन का निरीक्षण किया और पाया कि दो फेजों के कंडक्टरों में स्पार्क के निशान आ रहे है, और अधिक रिपीटेशन होने पर तार टूट सकते थे। कहने का अर्थ है कि उस व्यक्ति से चर्चा करने पर लाइन की वह खराबी (फाल्ट) जो नहीं मिल रही थी, वह मिल गई और समस्या का निराकरण हो गया।

36

उपकरण अर्थिंग कंडक्टर साइज (ट्रांसफार्मर, मोटर, स्विचगीयर आदि)

अर्थ कंडक्टर का साइज

क्रमांक 400 वोल्ट 3 फेज की रेटिंग – 50 हर्टज़ अनावृत तांबा पीवीसी इंसुलेटिड एल्यूमिनियम जीआई

1 5 तक 14 एसडब्ल्यूजी 16 वर्ग मिमी 7/22

2 6 से 15 तक 10 एसडब्ल्यूजी 16 वर्ग मिमी 8 एसडब्ल्यूजी

3 16 से 50 तक 10 एसडब्ल्यूजी 16 वर्ग मिमी 1" x 1/16" स्ट्रिप

4 51 से 75 तक 8 एसडब्ल्यूजी 25 वर्ग मिमी 1" x 1/16" स्ट्रिप

5 76 से 100 तक 6 एसडब्ल्यूजी 35 वर्ग मिमी 1" x 1/8" स्ट्रिप

6 101 से 125 तक 4 एसडब्ल्यूजी 50 वर्ग मिमी 1" x 1/4" स्ट्रिप

7 126 से 150 तक 2 एसडब्ल्यूजी 1" x 1/16" स्ट्रिप 70 वर्ग मिमी 1" x 1/4" स्ट्रिप

8 151 से 200 तक 1"x 1/16" स्ट्रिप 70 वर्ग मिमी 1" x 1/4" स्ट्रिप

9 201 से अधिक 1"x 1/18" स्ट्रिप 70 वर्ग मिमी 2" x 1/4" स्ट्रिप

ट्रांसफार्मर न्यूट्रल अर्थिंग कंडक्टर साइज -

क्रमांक , ट्रांसफार्मर - , इलेक्ट्रोलाइटिक बेयर - , (पीवीसी)सिंगल कोर - ,जीआई कंडक्टर -

- रेटिंग , - कापर कंडक्टर, - स्ट्रैंडिड एल्यूमिनियम, - जीआई कंडक्टर या स्ट्रिप

1- 50 केवीए तथा कम , 8 एसडब्ल्यूजी, 16वर्ग मिमी, 1"x1/8"(25 x3 मिमी)

2 - 75 केवीए तथा कम , 8 एसडब्ल्यूजी, 25 वर्ग मिमी, (1-1/2)" x1/14"(40x6 मिमी)

3 - 100 केवीए तथा कम, 4 एसडब्ल्यूजी, 35 वर्ग मिमी, (1-1/2)" x1/14"(40 x6 मिमी)

4 - 150 केवीए तथा कम, 2 एसडब्ल्यूजी या 70 वर्ग मिमी, (1-1/2)" x1/14"(40 x 6 मिमी)

1"x1/16 'एसडब्ल्यूजी

5 - 200 केवीए तथा कम , 1"x1/16 'एसडब्ल्यूजी, 95 वर्ग मिमी, (1-1/2)" x1/14"(40 x 6 मिमी)

6 - 250केवीए तथा कम, 1"x1/18 'एसडब्ल्यूजी, 150 वर्ग मिमी, (1-1/2)" x1/14"(40 x 6 मिमी)

7 - 300केवीए तथा कम, 1"x1/18 'एसडब्ल्यूजी, 225 वर्ग मिमी, (1-1/2)" x1/14"(40 x 6 मिमी)

8 - 500केवीए तथा कम, 1"x1/16 'एसडब्ल्यूजी, 300 वर्ग मिमी, 2"x1/4"(50x6 मिमी)

9 - 750केवीए तथा कम, (1-1/2)" x 1/14" एसडब्ल्यूजी, 2x225 वर्ग मिमी या 1x500वर्ग मिमी

500 केवीए से अधिक में केबिल तांबा या एल्यूमिनियम का प्रयोग किया जाता है

750 केवीए से अधिक के लिए अर्थ लीड के साइज का निर्धारण आईएस 1886/1961 के अनुरूप किया जाता है ।

37

इंडकशन मोटर पर उचित क्षमता/रेटिंग के केपेसिटर की तालिका : -

क्रमांक मोटर अश्व शक्ति केपेसिटर क्षमता (केवीएआर), केपेसिटर क्षमता (केवीएआर), केपेसिटर क्षमता (केवीएआर)
/हॉर्स पावर (एचपी) 3000 आरपीएम मोटर , 1500 आरपीएम मोटर , 1000 आरपीएम मोटर

1 2.5/3.0 1.0 1.0 1.5
2 5.0 2.0 2.0 2.5
3 7.5 2.0 3.0 3.5
4 10.0 3.0 3.5 4.0
5 12.5 3.5 4.0 4.5
6 15.0 4.0 5.0 6.0
7 20.0 5.0 6.0 7.0
8 25.0 6.0 7.0 8.0
9 30.0 7.0 8.0 9.0
10 35.0 8.0 9.0 10.0
11 40.0 9.0 10.0 12.0
12 45.0 10.0 11.0 14.5
13 50.0 10.0 12.0 15.0
14 60.0 12.0 14.0 15.0
15 75.0 15.0 16.0 20.0
16 100.0 20.0 22.0 25.0
17 125.0 25.0 26.0 30.0
18 150.0 30.0 32.0 35.0
19 200.0 40.0 45.0 54.0
20 250.0 45.0 50.0 55.0

38

एसडब्ल्यूजी (स्टेंडर्ड वायर गेज), डाइमीटर (मिमी) और औसत करेंट क्षमता तालिका :- -

क्रमांक , एसडब्ल्यूजी (फ्यूज वायर), डाइमीटर (मिमी) ,औसत करेंट क्षमता एम्पीयर में

1 - 7/0 - 12.700 - 354.7
2 - 6/0 - 11.786 - 305.5
3 - 5/0 - 10.973 - 264.8
4 - 4/0 - 10.160 - 227.0
5 - 3/0 - 09.449 - 196.3
6 - 2/0 - 08.839 - 171.8
7 - 0 - 08.230 - 148.9
8 - 1 - 7.260 - 127.7
9 - 2 - 7.010 - 108.1
10 - 3 - 6.401 - 90.1
11 - 4 - 5.893 - 76.4
12 - 5 - 5.385 - 63.8
13 - 6 - 4.877 - 52.3
14 - 7 - 4.470 - 44.2
15 - 8 - 4.064 - 33.3
16 - 9 - 3.658 - 26.5
17 - 10 - 3.251 - 21.20
18 - 11 - 2.946 - 16.6
19 - 12 - 2.642 - 13.5
20 - 13 - 2.337 - 10.5
21 - 14 - 2.032 - 8.3
22 - 15 - 1.829 - 6.6
23 - 16 - 1.626 - 5.2
24 - 17 - 1.422 - 4.1
25 - 18 - 1.219 - 3.2
26 - 19 - 1.016 - 2.6
27 - 20 - 0.914 - 2.0
28 - 21 - 0.813 - 1.6
29 - 22 - 0.711 - 1.2
30 - 23 - 0.610 - 1.0
31 - 24 - 0.559 - 0.8

32 - 25 - 0.508 - 0.6
33 - 26 - 0.4572 - 0.5
34 - 27 - 0.4166 - 0.4
35 - 28 - 0.3759 - 0.3
36 - 29 - 0.3454 - 0.23
37 - 30 - 0.3150 - 0.22
38 - 31 - 0.2946 - 0.21
39 - 32 - 0.2743 - 0.18
40 - 33 - 0.2540 - 0.16
41 - 34 - 0.2337 - 0.13
42 - 35 - 0.2134 - 0.11
43 - 36 - 0.1930 - 0.09
44 - 37 - 0.1727 - 0.07
45 - 38 - 0.1524 - 0.06
46 - 39 - 0.1321 - 0.04
47 - 40 - 0.1219 - 0.023
48 - 41 - 0.1118 - 0.019
49 - 42 - 0.1016 - 0.016
50 - 43 - 0.0914 - 0.013
51 - 44 - 0.0813 - 0.010
52 - 45 - 0.0711 - 0.008
53 - 46 - 0.0616 - 0.006
54 - 47 - 0.0508 0.004
55 - 48 - 0.0406 - 0.003
56 - 49 - 0.0305 - 0.0015
57 - 50 - 0.0254 - 0.001

39

प्राथमिक सहायता (उपचार) बॉक्स - फर्स्ट ऐड बॉक्स -

प्राथमिक सहायता (उपचार) बॉक्स – फर्स्ट ऐड बॉक्स -

प्राथमिक सहायता (उपचार) बॉक्स – प्रत्येक उपकेंद्र पर प्राथमिक सहायता पेटिका अवश्य होनी चाहिए । प्राथमिक सहायता बॉक्स में सभी जरूरी चीजें रखी होनी चाहिए और यह काम के घंटों के दौरान उपलब्ध होना चाहिए । इसे एक जिम्मेदार कर्मचारी/व्यक्ति के चार्ज में रखना चाहिए जिसे प्राथमिक सहायता का प्रशिक्षण मिल चुका हो, और जो काम के घंटों के दौरान उपलब्ध रहता हो ।

इसमें जली हुई त्वचा का इलाज करने के लिए, मोच (स्प्रेन), कट लग जाने, खरोंच, थकान/थकावट, घाव, कीड़े के काटने या डंक मारने पर इलाज, लोचदार पट्टी (इलास्टिक बेंडेज), साधारण पट्टी, चिपकने वाला टेप, कैंची, चिमटी, सेफ़्टी पिन्स, थर्मामीटर, साबुन, डिटोल या एंटीसेप्टिक, प्लास्टिक दस्ताने, फ्लैश लाइट और अतिरिक्त बैटरी सेल, एस्परीन (हल्के दर्द के लिए), आपातकालीन नंबरों की सूची, कैलमाइन लोशन, सनसक्रीन क्रीम आदि आवश्यक हैं ।

40

वितरण केंद्र/जोन पर निम्नलिखित सुरक्षा उपकरण (सेफ़्टी एपलायन्स) अवश्य होने चाहिए -

वितरण केंद्र/जोन पर निम्नलिखित सुरक्षा उपकरण (सेफ़्टी एपलायन्स) अवश्य होने चाहिए -

क्रमांक उपकरण का नाम मात्रा (संख्या)

1 बांस की सीढ़ी (बम्बू लेडर) 6 नग

2 एक्स्टेंसेबल एलुमिनियम लेडर(30 फीट लंबाई) 2 नग

3 टॉर्च - पांच सेल 4 नग

4 टॉर्च - तीन सेल 6 नग

5 डिस्चार्ज अर्थिङ्ग रोड 12 नग

6 शॉक ट्रीटमेंट चार्ट 1 नग

7 एसी वोल्टेज डिटेक्टर 1 नग

8 एसी करेंट डिटेक्टर 1 नग

9 रबर दस्ताने (रबड़ हेंड ग्लोव्स) 1 जोड़ी

(आ) – 33/11 केवी उपकेंद्रों हेतु सुरक्षा उपकरण –

क्रमांक उपकरण का नाम मात्रा (संख्या)

1 टॉर्च - तीन सेल 01 नग

2 इंसुलेटिड कटिंग प्लायर 01 नग

3 इंसुलेटिड स्क्रू ड्रायवर 01 नग

4 नियोन टेस्टर 01 नग

5 रबर दस्ताने (रबड़ हेंड ग्लोव्स) 02 जोड़ी

6 अर्थ डिस्चार्ज रोड 08 नग

7 शॉक ट्रीटमेंट चार्ट 01 नग

8 प्राथमिक चिकित्सा बॉक्स (फर्स्ट एड बॉक्स)

आवश्यक दवाईयाँ एवं पट्टियों के साथ 01 नग

(इ) - लाइनमेन/सहायक लाइनमेन स्तर के कर्मचारी हेतु सुरक्षा उपकरण : -

क्रमांक उपकरण मात्रा (संख्या)

1 लाईन मेन सेफ़्टी बेल्ट 01 नग

2 इंसुलेटिड कटिंग प्लायर 8 " 01 नग

3 इंसुलेटिड स्क्रू ड्रायवर 12 " 01 नग

4 इंसुलेटिड स्क्रू ड्रायवर 8 " 01 नग

5 ईंसुलेटिड स्क्रू ड्रायवर 6 " 01 नग

6 इंसुलेटिड स्क्रू ड्रायवर 3 " 01 नग
7 पेंसिल टाइप नियोन टेस्टर 01 नग
8 डिस्चार्ज रोड 02 नग
9 गम बूट 1 जोड़ी
10 हेलमेट 01 नग
11 इलेक्ट्रोनिक फेज टेस्टर 01 नग
12 सुरक्षा बेग 01 नग
(ई) - लाईन हेल्पर स्तर के कर्मचारी हेतु सुरक्षा उपकरण : -
क्रमांक उपकरण मात्रा(संख्या)
1 रबड़ हेंड ग्लोव्स (रबर दस्ताने) 01 जोड़ी
2 इंसुलेटिड कटिंग प्लायर 8 " 01 नग
3 इंसुलेटिड स्क्रू ड्राइवर 12 " 01 नग
4 इंसुलेटिड स्क्रू ड्राइवर 8 " 01 नग
5 इंसुलेटिड स्क्रू ड्राइवर 6 " 01 नग
6 इंसुलेटिड स्क्रू ड्राइवर 3 " 01 नग
7 पेन्सिल टाइप नियोन टेस्टर 01 नग
8 डिस्चार्ज रोड 02 सेट
9 गम बूट 01 जोड़ी
10 हेलमेट 01नग
11 इलेक्ट्रोनिक फेज टेस्टर 01 नग
12 सुरक्षा बेग 01 नग

1. सुरक्षा उपकरणों का सही ढंग से इस्तेमाल करने के लिए लाईन इंस्पेक्टर के द्वारा अधीनस्थों को प्रशिक्षित किया जाना चाहिए। इस प्रकार के कार्यक्रम संभाग स्तर समय - समय पर आयोजित किया जाना चाहिए, यह संभागीय उप महाप्रबंधक/डिवीजल इंजीनियर/ अधिशासी अभियंता द्वारा सुनिश्चित किया जाना चाहिए। इसके अलावा वितरण केंद्र/जोन स्तर पर भी ऐसे कार्यक्रम किए जाने चाहिए।

विद्युत लाइन निर्माण एवं संधारण में प्रयुक्त उपकरण (टी एंड पी - टूल्स एंड प्लान्ट) का मानक – विद्युत लाइन/उपकेन्द्र निर्माण में उपयोग होने वाले औज़ार (टी एंड पी) निम्नानुसार है : -
क्रमांक औजारों के नाम

1. सब्बल (12 नग), गैंती (6 नग), फाबड़ा (6 नग), तगारी (4 नग)
2. रिंग पानों का कंप्लीट सेट, दो मुंह वाले पाने का कंपलीट सेट
3. हेक्सा फ्रेम एक सेट
4. इंसुलेटिड कटिंग प्लायर 12 इंच (2 नग)
5. डी शेकल स्टील (4 नग)
6. चैन पुली ब्लॉक – दो टन - एक नग
7. सिंगल वे पुली ब्लॉक - एक नग
8. टु वे पुली ब्लॉक - एक नग
9. थ्री वे पुली ब्लॉक - एक नग
10. एल्यूमिनियम रोलर 230 एमएम - 15 नग
11. कम अलोंग क्लेम्प फॉर एसीएसआर कंडक्टर - एक नग
12. कम अलोंग क्लेम्प फॉर जीआई वायर - एक नग
13. क्रीम्पिंग टूल - एक सेट

14. बाल्टी - 4 नग
15. एल्यूमिनियम लेडर 11 मीटर लम्बीएक नग
16. मेटेलिक टेप 30 मीटर - एक नग
17. स्टील टेप 2 मीटर - एक नग
18. टॉर्च – पाँच सेल - एक नग
19. टेंक - एक नग
20. त्रिपाल - एक नग
21. हथौड़ा (हेमर) 5 किलो (एक नग) एवं 2 किलो (एक नग)
22. मनीला रोप (रस्सा) 25 एमएम (50 किलो), 20 एमएम (50 किलो)
23. लाइनमेन सेफ़्टी बेल्ट (4 नग)
24. हेलमेट (10 नग)
25. कुल्हाड़ी, कटर (एक - एक नग)
26. टायटनर, रेचिट, टर्फर (एक - एक नग)

नोट – एक गेंग में निम्नानुसार कर्मचारी रहते हैं : - -

1. एलटी लाइन के कार्य हेतु – एक गेंग लीडर और 8 कर्मचारी
2. एचटी लाइन एवं सब स्टेशन कार्य हेतु – एक गेंग लीडर और 12 कर्मचारी ।

सामान्य निर्माण कार्यकाल : -

1. एलटी लाइन निर्माण कार्य – 45 दिन प्रथम एक किमी के लिए और उसके बाद 15 दिन हर एक किमी के लिए ।
2. एचटी लाइन निर्माण कार्य – 90 दिन (3 माह) प्रथम एक किमी के लिए और 30 दिन (1 माह) हर एक अतिरिक्त किमी के लिए ।
3. वितरण ट्रांसफार्मर स्थापना कार्य – 60 दिन (2 माह)
4. 33/11 केवी सब – स्टेशन निर्माण कार्य – 270 दिन (9 माह) व अतिरिक्त वे लिए 180 दिन (6 माह)
5. 132/33 केवी सब - स्टेशन निर्माण कार्य – 365 दिन (12 माह/एक वर्ष)

टिप्पणी - - निर्माण कार्यकाल की अवधि देश - काल, सामग्री/कर्मचारी उपलब्धता तथा कार्य स्थल की स्थिति (वाद/विवाद, आर ओ डब्ल्यू – राइट ऑफ वे) आदि के कारण घट - बढ़ सकती है ।

41

सुरक्षा सावधानियाँ -

सुरक्षा सावधानियाँ –

विद्‌युतीय निर्माण/संधारण कार्य करते समय सुरक्षा सर्वोपरि है । लगन और इच्छा के साथ सावधानी से काम करें। जल्दबाज़ी से दुर्घटना हो सकती है । आप जिस कार्य करने को जा रहें हैं, उसकी पूरी जानकारी आपको होनी चाहिए, यदि नहीं है तो पूरी जानकारी प्राप्त करने के बाद ही कार्य पर जाएँ एवं निम्नलिखित सुरक्षा सावधानियाँ बरतें ।

उपयोग में लेने के पूर्व समस्त सुरक्षा साधनों एवं औजारों, जैसे - रबर के दस्ताने, सीढ़ी, सेफ़्टी बेल्ट, इंसुलेटिड प्लायर, डिस्चार्ज रोड की जांच करलें ।

लाइन डिस्चार्ज करते समय अर्थ वायर को पहले अर्थिंग से जोड़े । उसके पश्चात ही अर्थ रोड लाइन के तारों से टच कर लगाएँ । कार्य हो जाने के पश्चात पहले डिस्चार्ज रोड लाइन से अलग करें । इसके बाद अर्थ वायर को अर्थिंग से अलग करें । अर्थिंग से जोड़ते समय ध्यान रहे तारों को जंग अथवा मिट्‌टी तो नहीं लगी है । यदि जंग या मिट्‌टी लगी हो तो उसे साफ करके अर्थिंग से जोड़ें ।

लाइन डिस्चार्ज करते समय ध्यान रखें कि अर्थ वायर शरीर के किसी भी हिस्से से न छूए । डिस्चार्ज रोड के तार को अपने शरीर से कम से कम 3 से 4 फुट दूर रखें ।

जिस किसी पोल पर डबल लाइन हो या कट पॉइंट हो, उस पर दोनों तरफ से सप्लाई बंद कराकर अर्थिंग दोनों ही तरफ करें ।

लाइन बंद करके अर्थ करने के बाद उस खंभे की सभी लाइन के तारों को शॉर्ट करके अर्थ करले । अपने कार्य करने के स्थान के दोनों ओर से लाइनों को शॉर्ट एवं अर्थ करके सेफ़्टी जोन का निर्माण करके ही कार्य करें ।

42

ट्रांसफार्मर फ्यूज रेटिंग/क्षमता: - वितरण ट्रांसफार्मर 11/0.4 केवी -

क्रमांक,ट्रांसफार्मर - एचटी (11केवी) फुल लोड - एलटी (0.4 केवी), एलटी (0.4 केवी) साइड , एलटी की तरफ पीवीसी

- क्षमता केवीए, करेंट (डीओ फ्यूज) , फुल लोड करेंट, में लगने वाले टीसी फ्यूज वायर , सिंगल कोर केबिल दो सर्किट बनाने के लिए

1 - 10 0.5 एम्पीयर 12.5 एम्पीयर 28 एसडब्ल्यूजी 16x4 वर्ग मिमी

2 - 16 0.75 एम्पीयर 24 एम्पीयर 22 एसडब्ल्यूजी 16x4 वर्गमिमी

3 - 25 1.25 एम्पीयर 34 एम्पीयर 20 एसडब्ल्यूजी 25x3+16x1 वर्ग मिमी

4 - 63 3.0 एम्पीयर 85 एम्पीयर 18x2 एसडब्ल्यूजी 50x3+25x1 वर्ग मिमी

5 - 100 5.0 एम्पीयर 133 एम्पीयर 12/13 एसडब्ल्यूजी 70x3+50x1 वर्ग मिमी

6 - 200 10.0 एम्पीयर 266 एम्पीयर 14x2/17x1 150x3+70x1 वर्ग मिमी

7 - 315 15.0 एम्पीयर 418 एम्पीयर 12x2/13x1 240x3+150x1 वर्ग मिमी

8 - 500 25.0 एम्पीयर 665 एम्पीयर एचआरसी फ्यूज 400x3+300x1 वर्ग मिमी

9 - 1000 50.0 एम्पीयर 1330 एम्पीयर एचआरसी 440x3+300x1 वर्ग मिमी के चार सर्किट

वितरण ट्रांसफार्मर 33/0.4 केवी :-

क्रमांक, ट्रांसफार्मर- एचटी (33 केवी) - एलटी (0.4 केवी) एचटी 33केवी) - एलटी (0.4 केवी) -

क्षमता केवीए, फुल लोड करेंट , फुल लोड करेंट, फ्यूज साइज, फ्यूज साइज

1 - 100 1.7 एम्पीयर 133 एम्पीयर 1.5 एम्पीयर 120/125 एम्पीयर

2 - 200 3.3 एम्पीयर 266 एम्पीयर 3.0 एम्पीयर 250 एम्पीयर

3 - 315 5.77 एम्पीयर 418 एम्पीयर 5.0 एम्पीयर 400 एम्पीयर

4 - 500 8.75 एम्पीयर 665 एम्पीयर 8.0एम्पीयर 650एम्पीयर

5 - 1000 17.50 एम्पीयर 1330 एम्पीयर 15/17 एम्पीयर 1250/1300 एम्पीयर

6 - 2000 35.0 एम्पीयर 2660 एम्पीयर 30 एम्पीयर 2500/2600 एम्पीयर

पावर ट्रांसफार्मर 33/11 केवी :-

क्रमांक, ट्रांसफार्मर क्षमता एचटी (33 केवी) एलटी (11 केवी) एचटी (33केवी) एलटी (11 केवी)

एमवीए फुल लोड करेंट फुल लोड करेंट - फ्यूज साइज - फ्यूज साइज

1 - 1.0 17 एम्पीयर 52 एम्पीयर 15 एम्पीयर 50 एम्पीयर

2 - 1.6 28 एम्पीयर 85 एम्पीयर 25 एम्पीयर 75 एम्पीयर

3 - 3.15 55 एम्पीयर 163 एम्पीयर 50 एम्पीयर 150 एम्पीयर

4 - 5.0 87.5 एम्पीयर 262 एम्पीयर 75/80 एम्पीयर 225/240 एम्पीयर

5 - 8.0 136 एम्पीयर 408 एम्पीयर 125/130 एम्पीयर 375/400 एम्पीयर

नोट - पावर ट्रांसफार्मर के एलटी (11 केवी) साइड में वीसीबी का उपयोग करते हैं तथा 3.15 एमवीए व उससे अधिक क्षमता के पावर ट्रांसफार्मर के एचटी साइड भी वीसीबी का उपयोग करते है ।

पावर ट्रांसफार्मर की न्यूनतम आईआर वेल्यू : - -

वोल्टेज , 30 डिग्री सेन्टीग्रेड, 40 डिग्री सेन्टीग्रेड, 50 डिग्री सेन्टीग्रेड, 60 डिग्री सेन्टीग्रेड

33 केवी 550 – 600 265 – 300 132 - 150 66 – 75

11 केवी 180 – 300 90 - 150 45 - 65 22 – 35

वितरण ट्रांसफार्मर की आईआर वैल्यू : -

क्रमांक

तापमान (डिग्री सेन्टीग्रेड) , एचटी – अर्थ, एलटी - अर्थ, एचटी – एलटी

1 - 60 - 50 - 25 - 50

2 - 50 - 100 - 50 - 100

3 - 40 - 200 - 100 - 200

4 - 30 - 400 - 200 - 400

ट्रांसफार्मर आयल में नमी जानने हेतु –

सामान्य ट्रांसफार्मर आयल का बीडीवी (ब्रेक डाउन वोल्टेज) टेस्ट 2.5 एमएम (मिलीमीटर) गेप पर एक मिनट 40 केवी एवं अधिक स्टैंड करना चाहिए ।

ऑइल, - टेस्ट गेप, - समय, - रजिल्ट/परिणाम (केवी)

नया ऑइल - बीडीवी 2.5 एमएम - 1 मिनट - 50 केवी

सामान्य ऑइल - बीडीवी 2.5 एमएम - 1 मिनट - 40 केवी

पुराना ऑइल - बीडीवी 2.5 एमएम - 1 मिनट - 30 केवी

वितरण ट्रांसफार्मर – नो लोड लॉस और फुल लोड लॉस -

क्रमांक , ट्रांसफार्मर क्षमता (केवीए) , नो लोड लॉस (वाट), फुल लोड लॉस (वाट) , परसनटेज (प्रतिशत) इम्पीडेंस

1 - 16 - 80 - 475 - 4.5

2 - 25 - 100 - 685 - 4.5

3 - 63 - 180 - 1235 - 4.5

4 - 100 - 260 - 1760 - 4.5

5 - 200 - 570 - 3300 - 5.0

6 - 315 - 800 - 4600 - 5.0

7 - 500 - 1100 - 6500 - 5.0

8 - 630 - 1200 - 7500 - 5.0

9 - 1000 - 1800 - 11000 - 5.0

43

उपकेंद्र - बैटरी :-

उपकेंद्र - बैटरी :-

33/11 केवी उपकेंद्र में 30 वोल्ट डीसी सप्लाई का उपयोग किया जाता है । 2.15 वोल्ट के प्रत्येक सेल (15 नग) की स्पेसिफिक ग्रेविटी (आपेक्षिक घनत्व) 1180 से 1200 तक होना चाहिए । इस हेतु बैटरी को चार्जर द्वारा लगातार 2 एम्पीयर पर (ब्रिकिल चार्ज) पर रखा जाता है । आपेक्षिक घनत्व 1180 से कम होने पर बैटरी सेट को 4 एम्पीयर से एक एक घंटे के अंतर से बूस्ट चार्ज करना चाहिए ।

उपकेन्द्रों के रखरखाव हेतु दिशा निर्देश –

क – प्रत्येक माह उपकेन्द्रों के सभी जम्पर के कनेक्शन क्लेम्प टाईट करें ।

ख – प्रत्येक माह ट्रांसफार्मर में आइल लेबल चैक करें ।

ग - प्रत्येक माह ब्रीदर में सिलीकाजेल चैक करें व सफ़ेद होने पर नीला होने तक गर्म करें व पुन: भरें ।

घ - प्रत्येक दिन ट्रांसफार्मर आइल का लीकेज चैक करें तथा लीकेज होने पर तुरंत अपने अधिकारी को सूचित करें ।

ङ- प्रतिदिन बैटरी का वोल्टेज चैक करें ।

च- प्रत्येक सप्ताह बैटरी के सेल का लेबिल चैक करें ।

- प्रत्येक छः माह में ट्रांसफार्मर आयल की डाईइलेक्ट्रिक स्ट्रेंथ चैक करें ।
- कनिष्ठ यंत्री/सहायक यंत्री द्वारा किए जाने वाले रखरखाव कार्य –
- कनिष्ठ यंत्री/सहायक यंत्री द्वारा 7 दिनों (एक सप्ताह) में एक बार उपकेंद्र का निरीक्षण कर बैटरी वोल्टेज, डिस्टिल वाटर टोपिंग, बैटरी चार्जर, पावर ट्रांसफार्मर का ब्रीदर, आइल लेबिल/लीकेज व सर्किट ब्रेकरों की कार्य प्रणाली की जांच करना व उपकेंद्र पर उपलब्ध मेंटीनेन्स रजिस्टर में रिपोर्ट दर्ज करना । किसी भी प्रतिकूल स्थिति में सहायक यंत्री (एसटीएम) को सूचित करना चाहिए ।

पावर ट्रांसफार्मर के रखरखाव (एसटीएम द्वारा किया जाना) एवं निर्देश चार्ट –

अ - त्रैमासिक रखरखाव –

1. कंजरवेटर टैंक में आयल लेबिल की जांच ।
2. ट्रांसफार्मर ब्रीदर में सिलीकाजेल, आइल सीलिंग व ब्रीदिंग होल (छेद) की जांच ।
3. ट्रांसफार्मर बुशिंग साफ करना व एक्सप्लोजन वेंट की जांच ।
4. अर्थ पिट के बीच इंटर कनेकशनों तथा बोल्ट व नट की कसाई की जांच ।

ब - अर्धवार्षिक रखरखाव –

1. बुकोल्ज़ रिले की एयर पम्प द्वारा अलार्म व ट्रिप सर्किट की जांच व मर्करी कोनटेक्ट की जांच ।
2. ट्रांसफार्मर वाईडिंग इंसुलेशन रजिसटेन्स की जांच ।
3. थर्मामीटर पाकेट में आइल चैक करना एवं भरना ।
4. सब स्टेशनों के ट्रांसफार्मरों, लाइटनिग अरेस्टर व अन्य उपकरणों की अर्थिंग की जांच, प्रत्येक अर्थ पिट की अलग - अलग और संयुक्त रूप से भी जांच ।

स – सर्किट ब्रेकर एवं रिले के अर्धवार्षिक (प्री मानसून व पोस्ट मानसून) रखरखाव कार्यों का चार्ट –

1. इंसुलेटरों की सफाई करना ।
2. ब्रेकर के इंसुलेशन रजिसटेन्स की जांच ।
3. सर्किट ब्रेकर की की ट्रिपिंग की जांच (लोकल एवं रिमोट द्वारा)।
4. ब्रेकर में 70 % अर्थात 21 वोल्ट डी सी सप्लाई पर ट्रिप टेस्ट लेना । ट्रिप नहीं होने पर एडजस्ट करना ।
5. क्लोजिंग/ट्रिपिंग क्वाइल के रजिसटेन्स की जांच ।
6. रिले की कार्यप्रणाली, टाइम सेटिंग एवं प्लग सेटिंग की जांच करना ।

द – वार्षिक रखरखाव –
प्रयोगशाला में ट्रांसफार्मर आयल की जांच ।
अर्थिंग पिट्स के अर्थ रजिसटेन्स नापना/मापना और कोई कमी हो तो आवश्यक सुधार करना ।
33/11 केवी उपकेंद्र में स्थापित मीटरों के वाचन (रीडिंग) की प्रक्रिया –

1. - 33/11 केवी उपकेंद्र में जहां 33 केवी के वीसीबी लगे हैं, उनके पेनल पर एम्पीयर मीटर से प्रत्येक एक घंटे में एम्पीयर में भार (लोड) लोगशीट में नोट (लिखें) करें, वोल्टेज भी लिखें ।
2. - इसी प्रकार 11 केवी के मैन एवं प्रत्येक 11 केवी फीडर पर स्थापित वीसीबी की पेनल से भी हर एक घंटे में लोड नोट करें, वोल्टेज भी लिखें ।
3. - कई पेनल में सीटी की क्षमता के अनुसार गणना करके गुणांक (मल्टीप्लाइंग फेक्टर या एमएफ) लिखा होता है । अतः मीटर की रीडिंग पढ़कर उसमें एम एफ का गुणा करके ही लोगशीट में लिखें ।
4. - इन मीटरों में आने वाले एम्पीयर भार पर नजर रखें तथा यदि अधिकतम भार आता है तो उच्च अधिकारी/कार्यालय को सूचित करें ।

44

33/11 केवी उपकेंद्र में संधारित किया जाने रिकार्ड (अभिलेख)/रजिस्टर एवं चार्ट -

33/11 केवी उपकेंद्र में संधारित किया जाने रिकार्ड (अभिलेख)/रजिस्टर एवं चार्ट –

1. लोगशीट
2. शिफ्ट रजिस्टर
3. पावर ट्रांसफार्मर मेंटीनेंस रजिस्टर
4. बैटरी मेंटीनेंस रजिस्टर
5. ट्रिपिंग/इंटरप्शन रजिस्टर (फीडर वाइज़)
6. मैसेज बुक (निर्देश - पुस्तिका)
7. वीसीबी मेंटीनेंस रजिस्टर
8. परमिट बुक (अनुज्ञा पत्रक)
9. आथराइजेशन चार्ट, शॉक ट्रीटमेंट चार्ट, फ़र्स्ट ऐड बॉक्स, उपकरणों के रखरखाव का चार्ट, लाइन डाइग्राम व उपकरणों से संबन्धित निर्देश बुक आदि ।
10. उपकेंद्र हिस्ट्री रजिस्टर (जिसमें जमीन के रिकार्ड से संबन्धित सामान्य जानकारी तथा उपकरणों के स्थापना/उन्नयन संबन्धित जानकारी का विवरण भी इस रजिस्टर में होना चाहिए)।
11. एमएएस (मेटीरियल एट साइट) रजिस्टर
12. टेलीफोन डायरेक्टरी/टेलीफोन/मोबाइल नंबर रजिस्टर

45

आथराइजेशन चार्ट नमूना :-

आथराइजेशन चार्ट नमूना :-

संस्था का नाम – मध्य प्रदेश मध्य क्षेत्र विद्युत वितरण कंपनी लिमिटेड

संभाग/डिवीजन - - - - - वितरण केंद्र - - - - - -

विद्युत नियम, 1956 (संशोधित 2005) के अंतर्गत विद्युत लाइन/उपकरणों पर कार्य हेतु सक्षम/अधिकृत कर्मचारियों/अधिकारियों की सूची -

क्र , नाम अधिकारी/ कर्मचारी, पद, योग्यता, कार्य अनुभव ,कार्यों का विवरण जिसके लिए अधिकृत किया गया,हस्ताक्षर

अ -33000 के वोल्टेज तक बंद की गई विद्युत लाइनों एवं उपकरणों के लिए आज्ञा पत्र (परमिट) जारी करने तथा आज्ञा पत्र लेने के लिए अधिकृत है । कार्य करने तथा निर्देशन में में कार्य कराने के लिए अधिकृत है ।

अ - निम्न तथा मध्यम दाब वोल्टेज तक चालू लाइनों/उपकरणों पर सुरक्षा नियमों का पालन करते हुए तथा सुरक्षा उपकरणों का उपयोग करते हुए काम करने के लिए अधिकृत हैं ।

ब - उच्च दाब लाइनों/उपकरणों पर जब लाइन अधिकृत व्यक्ति द्वारा बंद कर भू संयोजित (अर्थ) कराई गई हो, सुरक्षात्मक उपायों को अपनाया गया हो तब ऐसी बंद उच्च दाब (11000 वोल्टेज) तक लाइनों/उपकरणों पर परमिट लेकर कार्य करने/कराने हेतु अधिकृत है ।

अ - निम्न तथा मध्यम दाब वोल्टेज लाइनों पर सुरक्षा नियमों का पालन करते हुए तथा सुरक्षा उपकरणों का उपयोग करते हुए काम करने के लिए अधिकृत हैं ।

ब - उच्च दाब (11000वोल्टेज) लाइनों/उपकरणों जब लाइन अधिकृत व्यक्ति द्वारा बंद कर भू - संयोजित कराई गई हो साथ ही सभी सुरक्षात्मक उपायों को अपनाया गया हो तब ऐसी बंद लाइनों पर कार्य करने तथा निर्देशन में कार्य कराने के लिए अधिकृत है ।

अ - सभी बंद भू संयोजित (अर्थ) की गई कम दाब/मध्यम दाब/उच्च दाब लाइनों पर सहायक लाइनमेन/लाइनमेन/इंस्पेक्टर/कनिष्ठ अभियंता अथवा किसी अन्य सक्षम अधिकृत व्यक्ति के निर्देशन में कार्य करने के लिए अधिकृत है । साथ ही कम दाब/मध्यम दाब/ बंद लाइनों पर सहायक लाइनमेन अथवा लाइनमेन अथवा किसी अन्य अधिकृत व्यक्ति के निर्देशन में बल्ब बदलने ,फ्यूज बदने के लिए अधिकृत है ।

ब - मीटर बोर्ड पर कम दाब/मध्यम दाब के लिए स्विच/कट आउट सब स्टेशन स्विच तथा कट आउट के फ्यूज बदलने के लिए अधिकृत है । लेकिन ये कर्मचारी का उत्तरदायित्व है कि वे सभी सुरक्षा नियमों पालन करते हुए तथा सुरक्षा उपकरण का प्रयोग करते हुए कार्य करें ।

नोट – जो लाइनमेन/सहायक लाइनमेन ग्रामीण क्षेत्रों में स्वतंत्र रूप से पदस्थ किये जाते हैं वे 11000 वोल्टेज तक लाइनों के एबी स्विच काटकर एबी स्विच में ताला लगाकर बंद लाइन भू संयोजित (अर्थ) कर लाइन पर फ्यूज बदलने जैसा अति आवश्यक कार्य कर सकते हैं लेकिन ये उसका स्वयं का उत्तरदायित्व होगा कि वे सभी सुरक्षा नियमों का पालन व सभी सुरक्षा उपकरणों का उपयोग करते हुए कार्य करें । ऐसे सहायक (हेल्पर) जिन्हें विद्युत लाइनों पर रखरखाव का अनुभव किसी वरिष्ठ लाइनमेन के अधीन रहकर 10 वर्षों से अधिक का अनुभव हो ऐसे हेल्परों को कार्यपालन अभियंता (डिवीज़नल इंजीनियर)/अधिशासी अभियंता, या उप महाप्रबन्धक द्वारा लाइन एवं उपकरणों पर स्वतंत्र रूप से कार्य करने सक्षम एवं अधिकृत किया जा सकता है ।

हस्ताक्षर

कार्यपालन अभियंता (डिवीज़नल इंजीनियर)/अधिशासी अभियंता, उपमहाप्रबंधक

46

लाइनों की सुरक्षात्मक दूरी मानक : - -

लाइनों की सुरक्षात्मक दूरी मानक : - -

विवरण , एलटी लाइन , 11 केवी लाइन , 33 केवी लाइन ,

ग्रामीण बिना आबादी क्षेत्र/खुले 65 मीटर 100 मीटर 125 मीटर

मैदान/जंगल - पोल से पोल की दूरी

ग्रामीण/शहरी आबादी क्षेत्र - 50 मीटर 80 मीटर 100 मीटर

पोल से पोल की दूरी

लाइन डीपी (डबल पोल) नहीं 1.6 किमी पर 1.6 किमी पर

डीपी पोल से पोल की दूरी नहीं 4 फीट सेंटर/1.22 मीटर 5 फीट सेंटर/1.5 मीटर

ग्रामीण खुले मैदान/जंगल - क्षेत्र 15 फीट/4.57 मीटर 15 फीट/4.57 मीटर 17 फीट/5.18 मीटर

सड़क के किनारे लाइन की ऊंचाई 18 फीट/5.5 मीटर 19 फीट/5.8 मीटर 19 फीट/5.8 मीटर

सड़क पार (क्रासिंग) करते 19 फीट/5.8 मीटर 20 फीट/6.1 मीटर 20 फीट/6.1 मीटर

समय लाइन की ऊंचाई

मकान के ऊपर से गुजरती 8 फीट/2.5 मीटर 10 फीट/3.04 मीटर 12 फीट/3.66मीटर

लाइन की ऊंचाई

मकान के पास (आड़े) से 4 फीट/1.2 मीटर 6 फीट/1.83 मीटर 8 फीट/2.5 मीटर

गुजरती लाइन की दूरी

पेड़ की डाली से दूरी 4 फीट/1.2 मीटर 6 फीट/1.83 मीटर 8 फीट/2.5 मीटर

33 केवी लाइन से दूरी 10 फीट/3.0 मीटर 10 फीट/3.0 मीटर 10 फीट/3.0 मीटर

लाइन के फेस से फेस की दूरी 1 फीट/ 0.3048 मीटर, 3.5 फीट/1.07 मीटर, 5 फीट/1.52 मीटर

कंडक्टर एवं गार्ड वायर से दूरी, 1 फीट 2 फीट 3 इंच 2 फीट 6 इंच

अर्थिंग व उसकी वेल्यू 6 ठवाँ पोल, 10 ओम, प्रत्येक पोल, 5 ओम, प्रत्येक पोल, 5 ओम

वारबेड वायर (कंटीले तार) - प्रत्येक पोल पर कंटीले वायर भी लगाए जाते हैं जिससे कोई अन्य/बाहरी व्यक्ति किसी पोल पर न चढ़े जिसका मानक निम्नानुसार है :-

कंटीले तार/वारवेड वायर , पोल की जमीन से ऊंचाई , कंटीले तार लपेटने का स्पान, हर 0.305 मीटर (एक फुट) पर

जहां पर कांटेदार तार लपेटना है घुमाओं (राउंड) की संख्या

एलटी लाइन 7.0 फीट/2.01 मीटर 0.6 मीटर/2 फीट 12 नंबर

एचटी लाइन 7.0 फीट/2.01 मीटर 1.2 मीटर/4 फीट 12 नंबर

उपरोक्त के साथ हर पोल पर डेंजर बोर्ड (खतरा पट्टिका) लगाया जाता है जिससे कोई बाहरी व्यक्ति पोल पर न चढ़े, और दुर्घटना से बच सके ।

डीपी गड्डे - 2.5 फीट चौड़ाई, 5 फीट लंबाई और गहराई - पोल की लंबाई का 6 ठवाँ भाग

स्टे गड्डे - 2.5 फीट चौड़ाई, 5 फीट लंबाई और गहराई 6 फीट सीढ़ीदार

अर्थिंग गड्डे - 2.5 फीट चौड़ाई, 5 फीट लंबाई और 6 से 9 फीट गहरे

47

कांक्रीटिंग -

कांक्रीटिंग –

कांक्रीटिंग का अनुपात 1 : 3 : 6 का होता है, जिसमें एक हिस्सा सीमेंट, तीन हिस्सा रेत/बालू(सैंड) तथा 6 हिस्सा स्टोन (गिट्टी) होता है।

विवरण कांक्रीटिंग सीमेंट रेत/बालू (सैंड) स्टोन (गिट्टी)

बेस पेडिंग 0.05 सीएमटी 11 किग्रा 33 किग्रा 66 किग्रा

पोल 0.5 सीएमटी 112 किग्रा 336 किग्रा 672 किग्रा

स्टे 0.3 सीएमटी 67 किग्रा 201 किग्रा 402 किग्रा

विवरण (अनुपात) पानी सीमेंट रेत/बालू (सैंड) स्टोन (गिट्टी)(1x1/4)

1 : 3 : 6 484 लीटर 13 बेग 50 सीएफटी 100 सीएफटी

1 : 2 : 4 484 लीटर 20 बेग 50 सीएफटी 100 सीएफटी

1 : 2 : 8 484 लीटर 10 बेग 50 सीएफटी 100 सीएफटी

48

वितरण लाइनों में उपयोगी कंडक्टर्स एवं करेंट लेने की क्षमता

वितरण लाइनों में उपयोगी कंडक्टर्स एवं करेंट लेने की क्षमता

क्र , कंडक्टर का नाम- ,सांकेतिक तार का क्षेत्रफल -, सांकेतिक तार का क्षेत्रफल-,तारों के करेंट- , एसीएसआर तारों-एएएसीतारों एसीएसआर, एल्यूमिनियम समतुल्य वर्ग मिमी,कॉपर समतुल्य वर्ग मिमी,की क्षमता एम्पीयर में, का वजन प्रति किमी में,का वजन प्रति किमी में, उपयोग

1 स्क्वायरल 20 13 70 – 100 85 किग्रा 60 एलटी लाइन

2 वीजल 30 20 100 - 125 128 किग्रा 94 एलटी व 11 केवी लाइन

3 रेबिट 50 30 148 – 165 214 किग्रा 149 एलटी व 11 केवी लाइन

4 रेकून 75 48 197 - 250 318 किग्रा 218 33 केवी लाइन

5 डॉग 100 65 254 – 310 394 किग्रा 273 33 केवी लाइन

6 पेंथर 200 130 510 – 525 976 किग्रा 132 केवी लाइन

7 जेब्रा 400 260 740 – 900 1628 किग्रा 220 केवी लाइन

8 केमल 450 300 800 - 970 1804 किग्रा 220 केवी लाइन

9 मूस 500 325 840 – 1030 1996/ 2002 किग्रा 400 केवी लाइन

10 नेट एएसी 25 115 73 किग्रा एलटी व 11 केवी लाइन

नोट – 1 - सामान्यत: एक ड्रम एएएसी कंडक्टर में लगभग रेबिट - 6 किमी, रेकून 4.75 किमी तथा डॉग - 3.5 किमी होता है। एसीएसआर कंडक्टर रेबिट में लगभग 4 किमी होता है।

वर्तमान में एलटी लाइनों में ओवर हेड कंडक्टर के स्थान पर एलटी केबिल का प्रयोग किया जा रहा है। तथा एसीएसआर (एलुमिनियम कंडक्टर स्टील रिइनफोर्सड) कंडक्टर के स्थान पर एएएसी कंडक्टर प्रयोग किया जाता है क्योंकि एएएसी (आल एलोय एल्यूमिनियम कंडक्टर) कंडक्टर चोरी के बाद बिकता नहीं है और न कोई उपयोग होता है।

क्र,कंडक्टर साइज वर्ग मिमी,सिंगल कोर केबिल करेंट क्षमता एम्पीयर में -पीवीसी,सिंगल कोर केबिल करेंट क्षमता एम्पीयर में -एक्सएलपीई,, तीन कोर केबिल करेंट क्षमता एम्पीयर में

1, 1.5 15 17 16 , 10 , 70 , 155 , 187 , 130

2, 2.5 , 21 , 23 , 22 , 11 , 95 , 190 , 230 , 155

3, 4.0,, 27 , 31 , 28 , 12 , 120 , 220 , 268 , 180

4, , 6.0 , 35 , 39 , 36 , 13 , 150 , 250 , 309 , 205

5, 10.0 , 47 , 48 , 14 , 185 , 290 , 360 , 240

6, 16.0 , 64 , 73 , 61 , 15 , 240 , 335 , 433 , 280

7, 25.0 , 84 , 98 , 70 , 16 , 300 , 382 , 501 , 315

8, 35.0 ,105 , 121 , 92 , 17 , 400 , 435 , 595 , 375

9, 50.0 , 130 , 150 , 105 , 18 ,500 , 480 , 693 , 510

49

त्रैमासिक - लाइनों के निरीक्षण/इंस्पेकशन/ देखभाल का चार्ट -

त्रैमासिक - लाइनों के निरीक्षण/इंस्पेकशन/देखभाल का चार्ट -

निरीक्षण किया, किये जाने वाले उपकरण/सामान

निरीक्षण/इंस्पेकशन/देखभाल करने के बिन्दु

निरीक्षण रिपोर्ट रिमार्क

1. पोल

1. पोल में टूटफूट, जमीन में गाड़े स्थान पर कटाव, जंग लगने के कारण नुकसान होने से पोल लाइन का भार संभालने की स्थिति में है या नहीं
2. झुके हुए या टेढ़े पोल अधिक/कम कसाव के कारण
3. अवैध निर्माण, पोल दीवाल या मकान के किसी निर्माण का हिस्सा तो नहीं बचा है। अथवा पोल पर कोई अन्य तारों का खिंचाव तो नहीं है
4. पोल किसी वाहन के कारण अथवा जानवरों/बाहरी तत्वों का नुकसान तो नहीं झेल रहा है
5. पोल की नींव की स्थिति मजबूत है या नहीं
6. स्टील पोल की मफिंग है या नहीं
7. स्टील पोल की पेंटिंग की जाने की आवश्यकता है ताकि जंग न लगे

1. स्टे सेट

1. स्टे की दिशा तथा एंगल लाइन के मान से सही है या नहीं
2. स्टे सेट ढीला, टूटा हुआ अथवा किसी प्रकार से बिगड़ा तो नहीं है
3. क्या स्टे सेट की अर्थिंग है या नहीं
4. क्या स्टे रोड जंग लगने से जीर्ण तो नहीं हो चुका है

3 - क्रॉस आर्म एवं स्टे फिटिंग

1. क्रॉस आर्म/क्लैम्प/ब्रेसिंग/टाई ब्रेसिंग अपनी जगह से खिसक तो नहीं गये हैं
2. अधिक/कम तनाव के कारण क्रॉस आर्म टेढ़ा तो नहीं हो गया है
3. जंग लगने के कारण क्रॉस आर्म/ब्रेसिंग कमजोर तो नहीं हो चुकी है
4. क्रॉस आर्म/ब्रेसिंग के नाट बोल्ट ढीले तो नहीं हैं

4 - इंसुलेटर एवं हार्डवेयर

1. टूटाफूटा इंसुलेटर तो नहीं लगा है
2. इंसुलेटर घूम तो नहीं गया है
3. इंसुलेटर के ऊपर धूल/नमक/कोयला या अन्य केमीकल पदार्थ तो नहीं जमा है
4. इंसुलेटर के हार्डवेयर फिटिंग जंग के कारण कमजोर तो नहीं हो चुकी है

5 - कंडक्टर तथा अर्थ वायर

1. कंडक्टर इंसुलेटर के द्वारा क्रॉस आर्म एवं पोल से सही बंधा/खींचा है
2. कंडक्टर/निकटवर्ती मकान, पेड़ अथवा अन्य स्थानों से सुरक्षित दूरी पर है या नहीं
3. कंडक्टर अन्य विद्युत लाइनों/टेलीफोन लाइन से सुरक्षित दूरी पर है अथवा नहीं
4. कंडक्टर/जम्पर में यदि जोड़ लगा है तो सही स्थिति में है या नहीं
5. कंडक्टर के स्टेंड टूटे तो नहीं हैं
6. कंडक्टर की इंसुलेटर पर सही बाईडिंग की गई है अथवा लूज/ढीली है
7. मिड स्पान जाइंट क्रेक अथवा कमजोर तो नहीं है
8. कंडक्टर के जोईंटिंग क्लैम्प/जोईंटिंग स्लीव सही हाल में हैं या नहीं

1. जम्पर एवं लाइन एसेसरीज़

1. जम्पर के दोनों सिरे पीजी क्लैम्प से सही कसे हैं या नहीं
2. जम्पर के तीनों फेस के मध्य के सुरक्षित दूरी है अथवा नहीं
3. जम्पर एवं स्टील सेक्शन/स्टे सेट के मध्य सुरक्षित दौरे है अथवा नहीं
4. जम्पर के ऊपर पीवीसी इंसुलेशन लगा है अथवा नहीं
5. जम्पर के अत्यधिक गर्म होने या जलने के निशान तो नहीं हैं
6. पी जी क्लैम्प के नट बोल्ट लूज/ढीले तो नहीं हैं

निरीक्षण किया, किये जाने वाले उपकरण/सामान
निरीक्षण करने के उपरांत, कार्यवाही हेतु बिन्दु
रिमार्क - किया गया सुधार कार्य

1. पोल

1. टूटे तथा खराब पोल बदलना
2. टेढ़े पोल सीधे करना एवं बोल्डर भरकर पोल के निचले सिरे की जमीन को मजबूत करना
3. रास्ते के बीच/नजदीक पोल जहां दुर्घटना की संभावना रहती है, सुरक्षित स्थान पर शिफ्ट करना
4. पोल पर पोल नंबर डालना
5. पोल की नींव मजबूत करना एवं स्टील पोल की मफिंग करना
6. जंग लगने की स्थिति में स्टील पोल पर रेड ऑक्साइड एवं एल्यूमिनियम पेंट करना

2. स्टे सेट

1. ढीली स्टे सेट/टाइट करना
2. टूटी एवं ख़राब स्टे बदलना
3. स्टे की अर्थिंग ठीक करना
4. स्टे सेट पर कांटे की तार/क्रेडिल गार्ड लगाना ताकि गाय/भैंस स्टे को नुकसान न पहुचायें

3. क्रॉस आर्म

1. टूटे फूटे क्रेक एवं झुके हुए क्रॉस आर्म बदलना
2. खिसके हुए क्रॉस आर्म/ब्रेसिंग/क्लैम्प सही स्थान पर कसना
3. क्रॉस आर्म/ब्रेसिंग एवं क्लैम्प आदि को जंग से बचाने हेतु पेंट करना

4. इंसुलेटर

1. इंसुलेटर की धूल मिट्टी पोंछवाना/सफाई , यदि इंसुलेटर टूटे या क्रेक अथवा पंचर हो तो बदलना

5 - कंडक्टर एवं अर्थ वायर

1. ढीली वाईंडिंग कसना एवं खराब/जाली की जगह दोबारा वाईंडिंग करना
2. कंडक्टर एवं इंसुलेटर के जोड़ वाले हिस्से में यदि जंग लगा हो तो साफ करके दोबारा वाईंडिंग करना
3. कंडक्टर के टूटे हुए स्ट्रेंडयदि दिखाई दें तो रिपेयर स्लीव या वाईंडिंग से रिपेयर करना
4. कंडक्टर यदि मूड गया हो या फैल गया हो तो रिपेयर करना आवश्यक है
5. यदि मिड स्पान जाइंट ढीला हो या क्रेक हो तो बदलना

6 - जम्पर एवं लाइन एसेसरीज़

1. टूटे हुए एवं जले हुए जम्पर के स्ट्रेंड चेक करना एवं जरूरत होने पर जम्पर बदलना
2. जम्पर के मेटेरियल की एवं साइज की जांच कर सही साइज के जम्पर से बदलना
3. जम्पर के लूज । ढीले कनेक्शन तथा जलने के निशान होने पर बदलना
4. जम्पर की वाईंडिंग वायर की जगह पीजी क्लैम्प लगा कर कसना
5. जम्पर के ऊपर की स्लीव चेक करना एवं यदि खराब हो तो बदलना

6. एलटी स्विच

1. एलटी लाइन का विद्युत भार नापना, यदि अधिक भार हो तो एलटी केबिल के स्थान पर नई उचित क्षमता की केबिल लगाना
2. खराब/जली हुई एलटी केबिल के स्थान पर नई केबिल लगाना
3. एलटी स्विच सही काम कर रहा है, चेक करना यदि आवश्यक हो तो जरूरी रिपेयर करना
4. जले/टूटे फूटे कट आउट बदलना
5. एलटी स्विच के कांटेक्ट खराब हो चुके हों तो बदलना
6. पुराने फ्यूज बदल कर सही क्षमता के नये फ़्यूज लगाना
7. सभी कनेक्शन टाइट करना
8. केबिल का सिरा जो कि स्विच से जुड़ता है उसमें प्लास्टिक कंपाउंड डालकर सील करके बारिश के पानी को अंदर आने से रोकना
9. स्विच यूनिट के अंदर एवं आस - पास लगे जालों एवं घोंसले निकालकर साफ करना

50

सुरक्षा संबन्धित बिन्दु :- दुर्घटना के कारण

सुरक्षा संबन्धित बिन्दु :- दुर्घटना के कारण

1. - मैं नहीं देखता।,
2. - मैं नहीं सुनता।,
3. - मैं नहीं मानता/सलाह लेता ।
4. - सावधानी हटी, दुर्घटना घटी ।
5. - सुरक्षा का नाम, विवेक से काम ।
6. - 'सुन लेने से' कितने सारे सवाल सुलझ जाते हैं, 'सुना देने से' हम फिर से वहीं उलझ जाते हैं ।
7. - भरोसा करें सावधानी के साथ - क्योंकि कभी कभी - खुद के दाँत भी आपकी खुद की जीभ को काट लेते हैं ।
8. - ज़ब हम किसी पर उंगली उठाते हैं, तब हमारे हाथ की तीन उंगली हमारी तरफ ही इशारा करती हैं ।
9. - एक लाजवाब बात जो पेड़ ने कही – हर रोज गिरते हैं 'पत्ते मेरे' फिर भी हवाओं से बदलते नहीं रिश्ते मेरे । हमेशा सुरक्षा नियमों का पालन करें ।
10. - आज की सतर्कता, कल की ज़िंदगानी है ।
11. - सुरक्षा नियमों अनुसार कार्य करना स्वयं एक पुरस्कार है ।
12. - जब भी भैया घर से बाहर जाओ, बिजली बत्ती जरूर बुझाओ ।
13. - बिजली नहीं यह सोना है , व्यर्थ इसे नहीं खोना है ।
14. - बिजली की बचत ही बिजली का उत्पादन है ।
15. - ऊर्जा संरक्षण का विचार यह नहीं है कि आवश्यकता में कमी की जावे और न उपयोगिता को कम किया जावे, सामान्यत: ऊर्जा संरक्षण का विचार किसी भी तरीके से ऊर्जा का दुरुपयोग रोकना, ऊर्जा बर्वाद न करना है ।
16. - उजाले के लिए सूर्य किरणों का अधिक से अधिक प्रयोग करें ।
17. - ऊर्जा की बचत वाली लाइटस जैसे एलईडी का प्रयोग करें ।
18. - बिजली चोरी नहीं है खेल, इसमें है तीन साल की जेल ।
19. - विद्युत बिलों का नियत तिथि भुगतान कर, कनेक्शन कटने एवं सरचार्ज की असुविधा से बचें ।
20. - बिजली चाहिए नियमित, खर्च करो सीमित ।
21. - विद्युत हम बनाएंगे, विद्युत हम बचाएंगे, विद्युत का सही उपयोग जन - जन को समझाएंगे ।
22. - अक्षय ऊर्जा के साधन अपनाएं, देश को ऊर्जावान बनाएं ।
23. - अक्षय ऊर्जा से होगा देश का विकास, गांव - गांव बिजली घर - घर प्रकाश ।
24. - अक्षय ऊर्जा विकल्प ही नहीं पूर्ण समाधान है ।
25. - वायोगैस का वरदान खुशहाल गांव और किसान ।
26. - बिजली का गम नहीं, अक्षय ऊर्जा कम नहीं ।
27. - जानो अब तुम चतुर किसान ,अक्षय ऊर्जा है वरदान ।

28. - ऊर्जा के हैं विभिन्न स्रोत, उपयोग करना इनका रोज ।
29. - सौर ऊर्जा, जल विद्युत से अपना काम चलाएं । परंपरागत संसाधनों को भविष्य के लिए बचाएं ।
30. - जन - जन के मुंह में एक ही बात, करें देश का विकास गैरपरंपरागत ऊर्जा के साथ ।
31. - बनेगा भारत ये स्वर्ग अपना, जब सच होगा ऊर्जा संरक्षण का सपना।
32. - 12 % बिजली की खपत वार्षिक तौर पर कम की जा सकती है सफ़ेद रंग में घर की दीवार रंग कर ।
33. - एक डिग्री सेन्टीग्रेड टेम्परेचर एसी का बढ़ाने पर सामान्यत : 5% बिजली की बचत होती है ।
34. - बिजली बचाएं, पानी बचाएं, पर्यावरण बचाएं ।
35. - कृपया विद्युत का अनावश्यक एवं अनाधिकृत उपयोग न करें ।
36. - स्वहित एवं राष्ट्र हित में बिजली बचाएं ।
37. - स्वयं एवं सहकर्मियों की सुरक्षा के लिए आप स्वयं उत्तरदायी हैं ।
38. - कार्य करने के लिए आवश्यक व्यक्तिगत सुरक्षा उपकरण अवश्य पहनें ।
39. - उपकरणों/औजारों/मशीनों का सुरक्षित एवं उचित रूप से उपयोग करें।
40. - एलटी/11 केवी/33 केवी लाइनों पर कार्य हेतु अधिकृत कर्मचारी/अधिकारी द्वारा ही परमिट लिया जाय।
41. - अपना कार्य क्षेत्र स्वच्छ रखें ।
42. - कार्य हेतु उचित कपड़े एवं जूते पहनें ।
43. - असुरक्षित स्थितियों की जानकारी तत्काल अपने उच्च अधिकारियों को दें ।
44. - फैला हुआ पानी/पेंट/तेल आदि तत्काल साफ करें ।
45. - सभी प्रकार की दुर्घटनाओं/चोटों की सूचना तत्काल अपने उच्च अधिकारियों को दें ।
46. - कार्य के समय किसी भी प्रकार के नशे (मदिरा/गाँजा/अफीम इत्यादि) में न हों ।
47. - बिजली कर्मचारी को जरूरत से ज्यादा आत्म विश्वास के साथ काम नहीं करना चाहिए ।
48. - कर्मचारी को फैसला/निर्णय लेने में जल्दवाजी नहीं करनी चाहिए ।
49. - कर्मचारी को कभी भी वह काम करने की कोशिश नहीं करनी चाहिए जो उसे करने का अधिकार नहीं है ।
50. - बिना सही लाइन क्लीयर (लाइन बंद) के कर्मचारी को कोई काम नहीं शुरू करना चाहिए ।
51. - कर्मचारी को हमेशा बहुत सावधान रहना चाहिए । खास तौर पर तब, जब वह अपने से वरिष्ठ अधिकारी से काम को बढ़ाने के लिए कहे जाये ।
52. - कर्मचारी को धीर - धीरे और पूरी सुरक्षा का ध्यान रखते हुए काम में आगे बढ़ना चाहिए तथा सुरक्षा उपकरणों का इस्तेमाल करना चाहिए ।
53. - कर्मचारियों को डेंजर बोर्ड (खतरा पट्टी) पर लिखी बातों का ठीक ढंग से पालन करना चाहिए ।
54. - कर्मचारी के काम करने की जगह साफ सुथरी होनी चाहिए ।
55. - काम करने की जगह पर पर्याप्त रोशनी होनी चाहिए ।
56. - इलेक्ट्रिक सर्किटों पर ठीक से लेबिल लगे होने चाहिए ।
57. - अगर कभी आसमानी बिजली कड़कने सहित तूफान आने वाला हो तो सभी बाहरी काम और इलेक्ट्रीकल सिस्टम बंद कर देना चाहिए ।
58. - कर्मचारियों को ढीले कपड़े नहीं पहनने चाहिए ।
59. - कर्मचारियों को ऐसे जूते नहीं पहनने चाहिए जिनके तलों पर लोहे की कीलें लगी हों ।
60. - कर्मचारियों को धातु का बनी चैन, कीरिंग, हाथ घड़ियाँ और अंगूठियाँ नहीं पहननी चाहिए ।
61. - कामगारों को अपने औज़ार टूल बेग में रख कर लेने देने चाहिए, फेंक कर नहीं ।
62. - कर्मचारियों को ये बात ध्यान में रखनी चाहिए कि सभी की सुरक्षा उनके अपने हाथों में है ।
63. - नम/गीले इलाकों में कार्य करते समय कर्मचारियों को ज्यादा सावधान रहना चाहिए ।
64. - यह सुनिश्चित करना कि सभी एबी स्विच के ब्लेड प्रभावकारी ढंग से खुल या बंद हो रहे हैं ।
65. - पहली बार ही सही/उचित तरीका अपनाएँ।

51

तकनीकी मापदंड -

तकनीकी मापदंड -

1. - पावर सब - स्टेशन निर्माण हेतु शहरी क्षेत्र में लगभग 500 वर्ग मीटर समतल आयताकार भूमि होनी चाहिए।
2. - पावर सब - स्टेशन निर्माण हेतु ग्रामीण क्षेत्र में लगभग एक एकड़ भूमि होनी चाहिए।
3. - प्रत्येक पावर ट्रांसफार्मर के न्यूट्रल बुशिंग को डबल (दो) अर्थ करना चाहिए।
4. - प्रत्येक पावर ट्रांसफार्मर की बाड़ी को डबल (दो) अर्थ करना चाहिए।
5. - जितनी भी वीसीबी लगाई जायें उनकी अर्थिंग भी डबल (दो) अर्थ करना चाहिए।
6. - 33 केवी एवं 11 केवी के लाइटनिंग अरेस्टर को प्रति सेट के हिसाब से डबल (दो) अर्थ करना चाहिए।
7. - 33 केवी एवं 11 केवी एबी स्विचों को भी प्रति सेट के हिसाब से डबल (दो) अर्थ करना चाहिए।
8. - बैटरी चार्जर, कंट्रोल पेनल, कंट्रोल बोर्ड इत्यादि के हिसाब से डबल (दो) अर्थ करना चाहिए।
9. - किसी भी स्थिति में कंट्रोल रूम (नियंत्रण कक्ष) के उपकरणों की अर्थिंग अन्य किसी सब स्टेशन का अर्थिंग से जुड़ी नहीं होनी चाहिए। यदि अर्थिंग जुड़ी है तो वह अर्थ फाल्ट करें से कंट्रोल रूम की रिले आदि भी प्रभावित/जल सकती हैं।
10. - अर्थिंग करने के लिए 4 एसडब्ल्यूजी का कॉपर वायर या 7/10 का स्टे वायर का उपयोग करना चाहिए।
11. - 33 केवी बसबार का नीचे वाला तार (कंडक्टर) कम से कम 17 फीट ऊंचा हना चाहिए
12. - 11 केवी बसबार का नीचे का तार (कंडक्टर) कम से कम 15 फीट ऊंचा होना चाहिए।
13. - सब स्टेशन के यार्ड में 4 इंच मोटी गिट्टी का सतह बिछाना चाहिए।
14. - 11 केवी लाइन में पोल से पोल की दूरी 100 मीटर होनी चाहिए।
15. - 33 केवी लाइन में पोल से पोल की दूरी 125 से अधिक नही होनी चाहिए।
16. - एलटी पोल से पोल की दूरी खेतों और जंगलों में 67 मीटर से अधिक न हो।
17. - एलटी पोल से पोल की दूरी शहर एवं गाँव में 50 मीटर से अधिक नहीं होना चाहिए।
18. - पोल का गड्डा पोल के छठवे भाग के बराबर होना चाहिए।
19. - खेतों और जंगलों में निम्न दाब वाली लाइन का कंडक्टर (तार) कम से कम 15 फीट ऊंचाई पर हो।
20. - एलटी लाइन सड़क के किनारे से ले जाते समय नीचे वाले कंडक्टर (तार) कम से कम 17 फीट ऊंचाई रखना चाहिए।
21. - एलटी लाइन सड़क पार करते समय नीचे वाले कंडक्टर (तार) की ऊंचाई कम से कम 19 फीट रखना चाहिए।
22. - किसी भी मकान के पास से एलटी लाइन ले जाते समय कंडक्टर (तार) के आड़े की दूरी कम से कम 6 फीट रखी जाती है।
23. - एलटी लाइन के एक फेस से दूसरे फेस के मध्य दूरी एक फीट रखी जाती है।
24. - एलटी लाइन के नीचे वाले तार से गार्डिंग वायर की दूरी कम से कम 10 इंच या 250 एमएम रखी जाती है।
25. - एलटी लाइन का प्रत्येक छठवाँ पोल, एंगल पोल, कट पॉइंट वाला पोल एवं अंतिम पोल अर्थ किया जाता है। जिससे उसका भू -प्रतिरोध (अर्थ रजिसटेन्स) 10 ओम से अधिक न हो।
26. - पीसीसी पोल वाली एलटी लाइन पर लगने वाले स्टे इंसुलेटर जमीन से कम से कम 10 फीट ऊपर लगाना चाहिए।
27. - एलटी लाइन का न्यूट्रल कंडक्टर को सबसे नीचे डालना चाहिए एवं लाइन के अर्थ वायर से जोड़ना चाहिए।
28. - उपभोक्ता के प्रतिष्ठान से एलटी लाइन का पोल 100 फीट से अधिक दूरी पर नहीं होना चाहिए।
29. - एलटी लाइन की गार्डिंग - डायमंड, कारपेट, क्रेडिल वायर तथा केंटीलीवर गार्डिंग की जाती है।

30. - एलटी लाइन की डायमंड गार्डिंग पोल से तीन फीट या एक मीटर दूरी पर की जाती है ।
31. - कंट्रोल रूम की अर्थिंग अलग से करनी चाहिए, जिससे फाल्ट करेंट के कारण रिले व पेनल आदि खराव नहीं होते हैं ।
32. - 11 केवी लाइन डीपी में पोल से पोल की दूरी 4 फीट होनी चाहिए ।
33. - 33 केवी लाइन डीपी में पोल से पोल की दूरी 5 फीट होनी चाहिए ।
34. - गेंट्री - गेंट्री से गेंट्री की दूरी 4.8 मीटर रखी जाती है ।
35. - 11 केवी गेंट्री वीसीबी के सेंटर से 2 मीटर की दूरी पर रखना चाहिए ।
36. - 33 केवी वीसीबी के सेंटर से 3 मीटर की दूरी पर रखना चाहिए ।
37. - 33 केवी इंकमिंग डीपी - सेंटर लाइन को सेन्टर मानकर यार्ड में फेंसिंग से 4 मीटर दूरी पर 33 केवी इंकमिंग डीपी लगावें ।
38. - 33 केवी वीसीबी – 33 केवी की डीपी से 13 मीटर की दूरी पर 33 केवी वीसीबी का फाउंडेशन बनाया जाता है ।
39. - 33 केवी गेंट्री – 33 केवी लाइन की इन कमिंग डीपी से 15 मीटर की दूरी पर सेंटर लाइन के दोनों ओर गेंट्री लगाए जाती है । गेंट्री से गेंट्री की दूरी 4.8 मीटर रखी जाती है ।
40. - लाइन डीपी स्ट्रक्चर में 6 स्टे लगाई जाती हैं । एंगल डीपी में 5 स्टे तथा टेपिंग एवं अंतिम डीपी में 2 स्टे लगाई जाती हैं ।
41. - 33 केवी और 11 केवी लाइन में डीपी से डीपी का निर्माण 1.6 किमी की अधिकतम दूरी पर किया जाता है । जिसे आवश्यकतानुसार घटाया जा सकता है ।
42. - 33 केवी लाइनों की जंगल एवं खेतों में जमीन से नीचे कंडक्टर (तार) की ऊंचाई कम से कम 17 फीट होनी चाहिए ।
43. - 11 केवी लाइनों की जंगल एवं खेतों में जमीन से नीचे वाले कंडक्टर (तार) की कम से कम ऊंचाई 15 फीट रखी जाती है ।
44. - सड़क के किनारे 11 केवी/33 केवी लाइन ले जाते समय जमीन से नीचे वाले कंडक्टर (तार) की कम से कम ऊंचाई 19 फीट रखी जाती है ।
45. - 33 केवी और 11 केवी लाइन सड़क पार (क्रोस्स) करते समय नीचे वाले कंडक्टर (तार) की कम से कम ऊंचाई 20 फीट रखी जाती है ।
46. - मकान के पास 33 के वी लाइन ले जाते समय कंडक्टर (तार) को आड़े (समानान्तर) में कम से कम 6 फीट होनी चाहिए ।
47. - मकान के पास 11 केवी लाइन ले जाते समय कंडक्टर (तार) को आड़े (समानान्तर) में कम से कम 4 फीट दूर रखना चाहिए ।
48. - मकान के ऊपर 33 केवी/11 केवी लाइन ले जाते समय कंडक्टर (तार) को मकान से कम से कम 12 फीट ऊपर ले जाना चाहिए । किन्तु किसी के भी मकान पर से न तो विद्युत लाइन खीचना चाहिए और न ही लाइन के नीचे मकान बनने देना चाहिए ।
49. - लाइन के दोनों ओर पेड़ों की दूरी कम से कम 15 फीट होना चाहिए ।
50. - 33 केवी लाइन के फेस से फेस की दूरी 5 फीट होना चाहिए।
51. - 11 केवी लाइन के फेस से फेस की दूरी साढ़े तीन फीट होना चाहिए ।
52. - 11 केवी लाइन, रेलवेक्रासिंग में अंडरग्राउंड केबिल डालकर क्रासिंग करना चाहिए ।
53. - 11 केवी लाइन और टेलीफोन के मध्य कम से कम 6 फीट की दूरी होनी चाहिए ।
54. - एक लाइन को दूसरी लाइन से क्रोस्स करते समय लम्बवत (90 डिग्री) क्रॉस करनी चाहिए तथा दो पोल के बीच से नहीं बल्कि पोल व पोल के मध्य के बीच के आधे भाग के पास करनी चाहिए ।
55. - तूफानी एवं डीपी स्टे का कोण 30 डिग्री से 45 डिग्री के मध्य होना चाहिए ।
56. - 11 केवी लाइन में रोड एवं लाइनों की क्रासिंग में कारपेट गार्डिंग की जाती है ।
57. - 11 केवी लाइन में प्रत्येक पोल पर डेंजर बोर्ड लगाना चाहिए ।
58. - गेंट्री से गेंट्री की दूरी 4.8 मीटर रखी जाती है ।
59. - ट्रांसफार्मर का चबूतरा (फाउंडेशन) - 2 मीटर बाय 2 मीटर बाय 2 मीटर का बनाना चाहिए ।
60. - वितरण ट्रांसफार्मर में आयल लीकेज नहीं होना चाहिए, ये लीकेज बुशिंग से वाल्व से या टैंक से हो सकता है । लीकेज होने से ट्रांसफार्मर में तेल कम हो जावेगा व वाईंडिंग गरम/हीट होकर जल जावेगी ।
61. - ट्रांसफार्मर में फ्यूज उचित क्षमता के लगाने चाहिए ।
62. - वितरण ट्रांसफार्मर की अर्थिंग ठीक/सही होनी चाहिए ।
63. - एलटी (निम्न दाब)लाइन ठीक होना चाहिए, ट्रांसफार्मर से जुड़ी एलटी केबिल ठीक होनी चाहिए ।
64. - वितरण ट्रांसफार्मर पर क्षमता से कम लोड (भार) देना चाहिए व प्रत्येक फेज पर लोड बेलेंसिंग करना चाहिए ।
65. - वितरण ट्रांसफार्मर पर क्षमता से अधिक लोड होने की स्थित में ओवरलोडिंग से ट्रांसफार्मर ज्यादा गरम होगा और ट्रांसफार्मर को क्षति पहुंचाएगा

66. - ट्रांसफार्मर पर एक फेज पर अधिक लोड होने उस फेज की क्वाइल ज्यादा गरम होगी और ट्रांसफार्मर का इंसुलेशन खराव व ट्रांसफार्मर फेल हो सकता है ।
67. - ट्रांसफार्मर में खराव आयल पाए जाने पर डाईइलेक्ट्रिक स्ट्रैंथ टेस्ट करवा कर आयल फिल्टर करवाना या बदलवाना चाहिए।
68. - ट्रांसफार्मर पर लाइटिंग अरेस्टर्स लगाने से आकाशीय विद्‌युत से ट्रांसफार्मर को बचाया जा सकता है ।
69. - प्राय यह देखा गया हैं कि बीच का एलए (लाइटिनिग अरेस्टर) खराव है लेकिन दोनों साइड के ठीक है । समझदार कर्मचारी को ऐसी हालत में किसी एक साइड के एलए को खोलकर बीच में अवश्य लगा देना चाहिए । इससे ट्रान्सफार्मर को सुरक्षा मिलेगी । यद्‌यपि इस स्थित में भी दो ही एलए लगे हैं । बीच वाले फेज पर लाइटिनिंग की अधिक सम्भावना होती हैं क्योंकि वह सबसे ऊपर खिंचा होता है ।
70. - समय - समय पर ट्रांसफार्मर का संधारण (मेंटीनेन्स) करते रहना चाहिए ।
71. - बैटरी मेंटीनेंस सही न हो तो बैटरी वोल्टेज डाउन/कम होगा और वीसीबी काम नहीं करेगी सब - स्टेशन के डीओ उड़ेंगे ट्रांसफार्मर जल्दी खराव होंगे ।
72. - बैटरी में समय - समय पर डिस्टिल वाटर डालते रहना चाहिए, एसिड नहीं ।
73. - एक दूसरे के सहयोग तथा दूसरे के लिए कार्य करने की भावना होनी चाहिए ।
74. - समूह का मनोबल बढ़ाना तथा प्रत्येक संकट का मिलजुल कर सामना करना चाहिए ।
75. - व्यक्तियों में स्वाभिमान तथा आत्मविश्वास की वृद्‌धि करना प्रत्येक व्यक्ति को अपनी भावनाएँ स्वतन्त्रता पूर्वक करने का अवसर देना चाहिए ।
76. - व्यक्तियों में अच्छे उद्‌देश्यपूर्ण संबंध स्थापित करना जिससे वे सहयोग की भावना से कार्य कर सकें ।
77. - ऐसा वातावरण बनाना कि प्रत्येक व्यक्तिगत योजना बनाने, उसे क्रियान्वित करने तथा व्यक्तिगत और सामूहिक हितों, रुचियों, क्षमताओं और आवश्यकताओं को ध्यान में रख कर कार्य करें ।
78. - प्रत्येक व्यक्ति सभी क्रियाओं को पसंद नहीं करता किन्तु एक व्यक्ति जिसको नापसंद करता है । दूसरा उसे पसंद कर सकता है । अत; समूह में सभी प्रकार के काम आसानी से पूरे हो जाते हैं । इससे प्रत्येक व्यक्ति का व्यक्तिगत और सामूहिक अस्तित्व बनाये रखना चाहिए ।
79. - प्रत्येक व्यक्ति कार्यपूर्ति की दृष्टि से एक दूसरे पर निर्भर रहता हैं, अतः एक दूसरे का सहयोग करें ।

52
विद्युत दुर्घटनाएँ रोकने के उपाय -

विद्युत दुर्घटनाएँ रोकने के उपाय – बिजली से छेड़छाड़ करना खतरनाक है तथा जानलेवा हो सकता है, बिजली के तारों, उपकरणों, मीटरों इत्यादि से दूर रहें।

बिजली के तार के टूटकर गिरने की जानकारी समीस्थ विद्युत स्टाफ को शीघ्र देवें। स्वयं उसमे हाथ न लगाएँ और किसी व्यक्ति को निगरानी हेतु नियुक्त करें।

टूटे तार को या उनसे चिपके प्राणियों को सुखी लकड़ी/बांस से अलग करें। नंगे हाथ लगाना जानलेवा हो सकता है।

सावधान ! बिजली चोरी हेतु विद्युत तारों से छेड़छाड़ न करें इससे जान जा सकती है।

गीले हाथ से बिजली चालू/बंद न करें।

विद्युत लाइनों के नीचे किसी प्रकार की फसल/भूसे/घास के ढेर न लगावें। बिजली की चिंगारी से आग लग सकती है।

विद्युत लाइनों के नीचे होली न जलावें, तार गलकर टूट सकते हैं।

विद्युत लाइनों के नीचे से ऊंचे लदान वाली गाड़ी/ट्रेक्टर ट्राली न निकालें।

विद्युत लाइनों के समीप फलदार पेड़ों पर न चढ़ें।

विद्युत लाइनों पर फसी पतंग निकालने से बच्चों को रोकें।

बिजली के खंभों, स्टे वायर से जानवर न बाँधें। न ही किसी अन्य कार्य के लिए इसका उपयोग करें।

घरों में बिजली फिटिंग का कार्य योग्य और अधिकृत मिस्त्री से ही कराएं।

किसी व्यक्ति को करेंट लगाने पर तुरंत निम्न उपचार करें –

अ – सबसे पहले मैन स्विच बंद कर दें।

ब – स्विच न होने पर प्लास्टिक के जूते पहनकर व्यक्ति को सूखे बांस/लकड़ी की मदद से तारों से अलग करें, एक पल की देरी भी घातक हो सकती है।

स – व्यक्ति को सुखी जमीन या सूखे फर्श पर लिटाकर कृत्रिम सांस दें एवं तुरंत डाक्टर के पास/अस्पताल ले जाएँ आपकी संयमपूर्ण त्वरित कार्यवाही अमूल्य जीवन बचाएगी।

53

ऊर्जा बचाने के कुछ सरल उपाय -

ऊर्जा बचाने के कुछ सरल उपाय –

कमरे से बाहर जाते समय सभी लाइट व पंखों के स्विच बंद कर दें ।

अत्याधिक आवश्यकता पड़ने पर ही एयर कंडीशनर, कूलर, हीटर पंखा, टीवी आदि उपयोग में लायें ।

एसी (एयर कंडीशनर) का एक डिग्री टेम्परेचर बढ़ाने से ऊर्जा की 5 % बचत होती है ।

उदाहरण – बचत % = [(अधिक टेम्परेचर – कम टेम्परेचर) / (बाहरी टेम्परेचर - कम टेम्परेचर)] 100 = [(25 -24) / (45 – 24)] 100 = (1 / 21) 100 = 5 %

साधारण बल्व के स्थान पर ऊर्जा दक्ष सीएफएल (कांपेक्ट फ्लोरोसेंट लैंम्प) और एलईडी का उपयोग करें ।

इलेक्ट्रोनिक रेगुलेटर युक्त पंखों का उपयोग करें ।

रात्रि में केवल उन्हीं कमरों में बल्वों/ट्यूब लाइटों से प्रकाश करें जहां कोई कार्य हो रहा हो । बाकी कमरों की बत्तियाँ बंद रखें ।

कमरों की दीवारों की भीतरी सतह पर हल्के रंगों का प्रयोग करें ।

मकान के अंदर की दीवारों को केवल सफ़ेद रंग करने से एक वर्ष में लगभग 12 – 15 % ऊर्जा की बचत होती है ।

पतले तार कम समय में ही गर्म हो जाते हैं, इससे विद्युत क्षय तो होती है साथ ही दुर्घटना की भी संभावना रहती है ।

ऊर्जा दक्षता सुनिश्चित करने के लिए अच्छे निर्माताओं द्वारा उत्पादित प्रमाणित आईएसआई मार्क युक्त विद्युत उपकरणों का प्रयोग करें ।

ऊर्जा दक्षता से संबन्धित स्टार रेटिंग वाले उपकरण - ट्रांसफार्मर, ट्यूब लाइट, फ्रिज, एसी (एयर कंडीशनर) और इंडकशन मोटर, ही उपयोग करें ।

अधिक दक्षता वाले विद्युत उपकरणों तथा कम पावर के अधिक प्रकाश देने वाले बल्व जैसे एलईडी , ट्यूब लाइट सोडियम लैंम्प आदि का उपयोग करें ।

बल्व के बजाय ट्यूब लाइट का उपयोग करें । 40 वाट की ट्यूब लाइट 100 वाट के बराबर उजाला देती है ।

अपना कार्य योजना बद्ध तरीके से करें ताकि समय का अपव्यय कम से कम हो । घरेलू कार्यों जैसे गैस – ओवन अथवा इस्तरी/प्रेस आदि में समय बद्धता महत्वपूर्ण है ।

सुनिश्चित करें कि आपके घर की वायरिंग, प्लग, स्विच, उपकरण आदि उचित ऊर्जा – दक्षता, स्तर तथा आकार के हैं ।

अपने साथियों/सहकर्मियों/अधीनस्थ कर्मचारियों को प्रोत्साहित करें कि वे दिन के समय कृत्रिम प्रकाश का कम से कम उपयोग करें ।

ऐसी प्रणाली अपनाएं जिससे कमरे में किसी के ना रहने पर एसी तथा तेज रोशनी बंद हो जाये ।

ऐसी योजना बनाएं कि भोजनावकाश में नियमित कारोबार से अतिरिक्त समय में केवल अत्यावश्यक स्थानों की ही बत्तियाँ/पंखों का प्रयोग किया जावे एवं अन्य अनावश्यक बत्तियां/पंखे बंद रहें ।

कैंटीन अथवा चाय बनाने के स्थान पर बिजली की बजाय गैस का इस्तेमाल किया जावे ।

मोटर के साथ " शंट कैपेसिटर " लगाने से " पावर फ़ैक्टर " में सुधार होता है । जिसके अनुरूप औद्यौगिक इकाई का " डिमांड बिल " (केवीए) कम हो जाता है और साधारण बिल भी कम आयेगा ।

मोटर में समयानुसार आवश्यक रखरखाव/सुधार कार्य करें जैसे कि" लुब्रीकेंट" करना, घिसी तथा पुरानी बीयरिंग को तुरंत बदलना, पत्ते व घिर्री को समय – समय पर कसते रहना आदि ।

मोटर तथा विद्युत भार को यथासम्भव पास – पास रखें ।

उद्योगों में समय – समय पर नई तकनीकी की जानकारी एवं क्रियाओं का उपयोग करें। इससे सभी क्षेत्रों में लगे सयन्त्रों की उत्पाद क्षमता में काफी वृद्धि की जा सकती है।

ऊर्जा बचत के क्षेत्रों का पता लगाएँ और ऊर्जा बचत के लक्ष्यों को प्राप्त करने के लिए कारगर उपाय/नियम बनाएँ।

मशीनों के व्यर्थ चलने के समय को घटाएँ, चाहे वह लापरवाही के कारण हो अथवा सेल्फ स्टार्टर में खराबी के कारण।

आईएसआई चिह्न वाले प्रमाणित डिलेवरी वाल्ब का उपयोग करने से विद्युत खपत में लगभग 5 % की बचत होती है।

मोटर एवं पम्प के शाफ़्ट को एक सीध में फिट करें इससे बीयरिंग पर कम भार पड़ता है।

अपनी मोटर की अर्थिंग सही ढंग से करें। पाइप लाइन में अनावश्यक मोड़ों (बेंड्स) व जोड़ों (फ्लेंज जोइंट्स) का उपयोग न करें।

डिलीवरी पाइप की लंबाई आवश्यकतानुसार कम से कम रखें।

संक्षेप में –

ऊर्जा संरक्षण का विचार प्रायः यह नहीं है कि आवश्यकता में कमी की जावे और न उपयोगिता को कम किया जावे। सामन्यातः ऊर्जा संरक्षण का विचार किसी भी तरीके से ऊर्जा के दुरुपयोग को रोकना, ऊर्जा बर्वाद न करना है।

54
पावर केपेसिटर - लाभ/फायदा -

पावर केपेसिटर – लाभ/फायदा –

डिस्कोम लाभ

उपभोक्ता लाभ

कैपेसिटर लगाने से सिस्टम (प्रणाली) का पावर फेक्टर बढ़ता है

उपभोक्ता मोटर का पावर फेक्टर बढ़ता है

यदि फीडर का लोड 100 से अधिक 120 - 150 एम्पीयरलोड है तो कैसिटर उपयोग से लगभग 20 से 30 एम्पीयर लोड कम हो जाता है

एक 10 अश्व शक्ति मोटर जो लगभग 15 - 16 एम्पीयर करेंट ले रही थी कैपेसिटर के उपयोग होने पर लगभग 12 – 13 एम्पीयर करेंट लेगी। लगभग 3 एम्पीयर लोड कम हो जाता है।

डिस्कोम को राजस्व हानि कम होती है

उपभोक्ता का कम बिल आता है

कैपेसिटर उपयोग से लाइनों पर लगे उपकरण कम करेंट लेने से कम गरम होंगे और पूर्ण दक्षता से कार्य करेंगे

कैपेसिटर उपयोग से मोटर अन्य उपकरण कम गरम होंगे व पूर्ण दक्षता से कार्य करेगे

उसी केबिल क्षमता/ट्रांसफार्मर क्षमता से अधिक कनेकशन दिये जा सकते हैं

मोटर कम करेंट लेने के कारण कम बिजली खर्च करेगी

अच्छे वोल्टेज मिलने से उपभोक्ता/विभाग संतुष्टि होगी

अच्छे वोल्टेज मिलने से कम यूनिट और बिल कम होगा, उपभोक्ता को लाभ होगा

उदाहरण –

- जब एक 10 अश्व शक्ति की मोटर केपेसिटर के सहित चलती है तब वह मोटर लगभग 3 एम्पीयर करेंट कम लेती है, उससे जब वह बिना केपेसिटर के चलती है।
- एलटी में 3 एम्पीयर करेंट = वर्गमूल 3 गुणा करेंट गुणा वोल्टेज = केवीए =
- 1.732 x 3 x 0.4 = 2.0784 केवीए, जिसे 2 केवीए मान लेते हैं। यदि पावर फेक्टर 0.8 हो तो 1.6 किलोवाट बनेगे।
- यदि एक मोटर दिन में 6 घंटे चलती है तब 9.6 यूनिट बनेगे जिसे 10 यूनिट मान लेते है, तब 1 महीने में 300 यूनिट की बचत होगी।
- रुपये 6 प्रति यूनिट टेरिफ़ रेट मान ले तब रुपये 1800 हुए, जो बचेंगे।
- जबकि 10 अश्व शक्ति की मोटर पर स्थापित क्षमता के केपेसिटर की कीमत इससे कम होगी।
- कहने का आशय यह है कि केपेसिटर की कीमत 1 माह में ही वसूल हो गई।
- साधारण नियम – एलटी सिंगल फेज मोटर प्रति हॉर्स पावर 3.5 एम्पीयर करेंट तथा थ्री फेज मोटर प्रति हॉर्स पावर 1.25 एम्पीयर करेंट ले रही है तो स्थिति ठीक है अन्यथा अधिक करेंट लेना यह प्रदर्शित करता है कि पावर फेक्टर कम या वोल्टेज कम है जिससे मोटर अधिक करेंट ले रही है, ऐसी स्थिति में केपेसिटर लगाना अनिवार्य है।
- पावर केपेसिटर – लाभ/फायदा -
- केपेसिटर उप केन्द्रों और वितरण ट्रांसफार्मरों तथा उपभोक्ता परिसर में मीटर के बाद इंडक्सन मोटर पर लगाए जाते हैं। इनका मुख्य कार्य पावर फेक्टर में सुधार करना होता , यद्यपि पावर फेक्टर सुधार के साथ - साथ वोल्टेज सुधार भी होता है, बिजली की खपत कम होती है जिससे बिजली बिल भी कम होता है और एक समान लोड के लिए बिना केपेसिटर व केपेसिटर सहित, करेंट केपेसिटर सहित

स्थित में कम होगा और केपेसिटर रहित स्थिति में करेंट ज्यादा होगा। एक 11 के वी फीडर पर लोड 120 एम्पीयर है बिना केपेसिटर के तो केपेसिटर चालू रखने की स्थित में वह 100 एम्पीयर होगा अर्थात 20 एम्पीयर करेंट की बचत होगी।

एचटी कैपेसिटर उपयोग से बचत का आंकलन और आपरेटर कर्मचारी योगदान -

- जब एक फीडर पर केपेसिटर चालू रहता है तब लगभग 20 एम्पीयर की बचत होती है , जब फीडर का लोड बिना केपेसिटर के 120 - 150 एम्पीयर रहता है। यह फीडर 11 केवी लाइन होती है। पहले हम गणना कर चुके हैं कि 11 के वी फीडर का एक एम्पीयर करेंट 20 केवीए के लगभग होता है और पावर फेक्टर 0.8 मान लें तब किलोवाट (20) x (0.8) केवीए x कोस फ़ाई = 16 किलोवाट लोड इस लोड को एक घंटे प्रयोग करते हैं तब यूनिट = 16 किलोवाट आवर = 16 यूनिट हुई और उसकी कीमत रुपये 6 प्रति यूनिट से रुपये 96 हुए जिसे रुपये 100 मान लेते हैं। कहने का आशय यह है कि एक एम्पीयर लोड एक घंटे में 16 किलोवाट लोड कम करता है और रुपए 100 की बचत करता है। फीडर पर 20 एम्पीयर बचत के समय एक घंटे में 320 किलोवाट लोड कम और रुपये 2000 की बचत करेगा। यदि यही लोड 10 घंटे चला तो बचत रुपये 20,000 (बीस हजार) प्रतिदिन होगी और एक माह की बचत (20,000) x (30)=6,00,000 (छः लाख) रुपये की होगी। जो कि कई कर्मचारियों के मासिक वेतन से अधिक है। यह बचत उप - केंद्र पर पदस्थ कर्मचारी/ऑपरेटर का योगदान है। इससे केपेसिटर की उपयोगिता स्वत; सिद्ध होती है। उसी प्रकार उपभोक्ता द्वारा केपेसिटर प्रयोग करने से आर्थिक लाभ के साथ वोल्टेज सुधार भी होता है।
- केपेसिटर पर कार्य करने से पूर्व यह सुनिश्चित करले कि केपेसिटर डिस्चार्ज अवश्य हो।

55

ऊर्जा संरक्षण मुहावरे -

ऊर्जा संरक्षण मुहावरे –

ऊर्जा हम बनायेंगे, ऊर्जा हम बचायेंगे । ऊर्जा का सही उपयोग, जन - जन को समझायेंगे ॥

अक्षय ऊर्जा के साधन अपनाएं, देश को ऊर्जावान बनाएं ।

अक्षय ऊर्जा से होगा देश का विकास, गांव - गांव बिजली घर - घर प्रकाश ।

अक्षय ऊर्जा विकल्प ही नहीं पूर्ण समाधान है ।

बिजली का गम नहीं, अक्षय ऊर्जा कम नहीं ।

ऊर्जा के उपयोग में मितव्ययी बनें, ऊर्जा का दुरुपयोग रोकें ।

अधिकाधिक अक्षय ऊर्जा स्रोतों का उपयोग कर, भविष्य को उज्जवल बनायें ।

अधिकाधिक अक्षय ऊर्जा स्रोतों का उपयोग कर, धन व ईंधन की बचत करें ।

ऊर्जा की समस्या पर सोचें, समझें और अमल करें ।

देश प्रेम की भावना जगाइये, राष्ट्र हित में ऊर्जा बचाईये ।

ऊर्जा नहीं यह सोना है, व्यर्थ इसे नहीं खोना है ।

जब भी भैया बाहर जाओ, बिजली, बत्ती जरूर बुझाओ ।

चोरी नहीं हैं खेल, इसमें है तीन साल की जेल ।

56

ऊर्जा संरक्षण - कैसे करें ऊर्जा बचत/खपत की जानकारी ?

ऊर्जा संरक्षण – कैसे करें ऊर्जा बचत/खपत की जानकारी ?

ऊर्जा उपयोग की कुछ सरल गणनाएं –

उपकरण नाम,उपकरण -क्षमता/साइज,वाटेज,बिजली यूनिट की मासिक खपत (के डब्ल्यू एच – किलोवाट आवर)

यदि आप उपकरण चलाएंगें तो बिजली की 1 यूनिट की खपत का समय 1 घंटा प्रतिदिन,6 घंटा प्रतिदिन ,घंटा ,मिनट

बल्व, 25 , 0.75 , 4.5 , 40 , 0 , 40 , 1.2 , 7.2 , 25 , 0

60,1.8 , 10.8 , 16 , 40 , 100 , 3 , 18 , 10 , 0

सीएफएल , 7 , 0.21 , 1.26 , 143 , 0 , 11 , 0.33 , 1.98 , 90 , 55

13 ,0.39 , 2.34 , 77 , 0 , 27 , 0.81 , 4.86 , 37 , 0

एलईडी , 9 , 0.27 , 1.62 , 111 , 7

12 , 0.36 , 2.16 , 83 , 20

15 , 0.45 , 2.7 , 66 , 40

20 , 0.6 , 1.8 , 50 , 0

फ़्लोरोसेंट ट्यूब -लाइट्स , 55 , 1.65 , 9.9 , 18 , 11

35 , 1.05 , 6.3 , 22 , 34

एलईडी ट्यूब – लाइट्स , 20 , 0.6 , 1.8 , 50 , 0

40 , 1.2 , 7.2 , 25 , 0

लाइट लैम्प्स , 15 , 0.45 , 2.7 , 65 , 45

छत का पंखा (सीलिंग फेन), 36"/48 " , 50 , 1.5 , 9 , 20 , 0

56 ", 60 , 1.8 , 10.8 , 16 , 40

60 ", 70 , 2.1 , 12.6 , 14 , 17

टेबिल पंखा (फेन) , 12/16 " , 40 , 1.2 , 7.2 , 25 , 0

इलेक्ट्रिक प्रेस घरेलू , 450 ,13.5 , 81 , 2 , 13

700 , 21 , 126 , 1 , 25

धोबी , 1000 , 30 , 180 , 1 , 0

ईमर्सन रोड , 1000 , 30 , 180 , 1 , 0

2000 , 60 , 360 , 0 , 30

गीजर , 15 – 20 लीटर , 2000 , 60 , 360 , 0 , 30

इंस्टेंट, 3000 , 90 , 540 , 0 , 20

एसी , 1 टन, 1400 , 42 , 252 , 0 , 43

1.5 टन , 1800 , 54 , 324 , 0 , 33

एयर कूलर , 170 , 5.1 , 30.6 , 5 , 53

रेफ्रिजरेटर छोटा 225, 2 यूनिट प्रतिदिन

बड़ा 300, 4 यूनिट प्रतिदिन

टोस्टर , 800 , 24 , 144 , 1 , 15

हॉट प्लेट , 1000 , 30 , 180 , 1 , 0

1500 , 45 , 270 , 0 , 40

इलेक्ट्रिक कैटल , 1000 , 30 , 180 , 1 , 0

2000 , 60 , 360 , 0 , 30

मिक्सर जूसर बड़ा , 450 , 13,5 , 81 , 2 , 13

वाशिंग मशीन ओटोमेटिक , 325 , 9.75 , 58.5 , 3 ,5

ओटोमेटिक 1000 , 30 , 180 , 1 ,0

सेमी – ओटोमेटिक , 200 , 6 , 36 , 5 , 0

वैक्यूम क्लीनर , 750 , 22.5 , 135 , 1 , 20

रेडियो , 15 , 0.45 , 2.7 , 66 , 40

टेप रिकॉर्डर , 20 , 0.6 , 3.6 , 50 , 0

टीवी , 60 , 1.8 , 10.8 , 16 , 40

120 , 3.6 , 21.6 , 8 , 20

वीडियो , 40 , 1.2 , 7.2 , 5 , 0

मोसक्यूटो रेपेलेंट , 5 , 0.15 , 0.9 , 200 , 0

वाटर फ्यूरीफायर , 25 ,0.75 , 4.5 , 40 , 0

कम्प्यूटर, 100 , 3 , 18 , 10 , 0

150 , 4.5 , 27 , 6 , 40

नोट – कृपया याद रखें इन आंकड़ों को मार्गदर्शी सिद्धांतों के रूप में ही प्रयोग किया जा सकता है क्योंकि वाटेज की रेटिंग अलग - अलग मॉडलों में अलग - अलग होती है ।

बिजली की खपत को किलोवाट आवर (केडब्ल्यूएच) में मापा/नापा जाता है । खपत की गणना मशीन की वाट रेटिंग को मशीन चालू रखने के घंटों से गुना कर गुणनफल को 1000 (एक हजार) से भाग देकर की जाती है ।

1000 वाट का लोड जब एक घंटे तक जलता/उपयोग है तब बिजली की एक यूनिट की खपत होती है । जिसे 1 किलोवाट आवर (1 केडब्ल्यूएच = बिजली की 1 यूनिट) के रूप में जाना जाता है ।

लेखक परिचय

लेखक परिचय

रनवीर सिंह (तोमर) आत्मज स्व. श्री दिलीप सिंह
जन्म – 02 जुलाई 1955
जन्म स्थान - गांव - नगला भूप सिंह, डाकघर - पिसावा, जिला अलीगढ़, उत्तर प्रदेश 202155
शिक्षा – बी. एस सी. इंजीनियरिंग (इलेक्ट्रिकल) अलीगढ़ मुस्लिम यूनिवर्सिटी अलीगढ़ उ.प्र. (1978)
सेवा – मध्य प्रदेश विद्युत मंडल (1979 से 2015), 36 वर्ष, सेवानिवृत्त - अति. मुख्य अभियन्ता
वर्तमान – फेकल्टी मेंम्बर पावर डिस्ट्रीब्यूशन ट्रेनिंग सेंटर भोपाल .
वर्तमान निवास – मकान न. डुप्लेक्स - 11, कुटुम्ब अपार्टमेंट बलवन्त नगर, यूनिवर्सिटी रोड ठाठीपुर, ग्वालियर म.प्र. 474002
अभिरुचि – पुस्तक अध्ययन, इलेक्ट्रिकल विषयों पर लेक्चर देना, सामाजिक गतिविधियाँ, वृक्षारोपण कार्य आदि
अणु डाक – cr.rsingh55@gmail.com , चलित दूरभाष +91 9425137463 .

www.ingramcontent.com/pod-product-compliance
Ingram Content Group UK Ltd.
Pitfield, Milton Keynes, MK11 3LW, UK
UKHW061706190726
13853UKWH00008B/2436